CP 541

Thermodynamique chimique

6

CHEZ LE MÊME ÉDITEUR

Dans la collection **CURSUS SCIENCES**

Mécanique, R. Hakim, 1995.

Électromagnétisme, L. Quaranta, 1995.

Électrostatique-Magnétostatique, L. Quaranta, 1994.

Histoire de la Terre, S. Elmi et C. Babin, 1994.

Électrocinétique, L. Quaranta, 1993.

Jean Tuech
Michèle Dubusc
Mireille Mossoyan

Thermodynamique chimique

MASSON ARMAND COLIN

Collection Cursus, série « Sciences »

ISBN : 2-200-21595-9

Armand Colin Éditeur, 5, rue Laromiguière - 75241 Paris Cedex 05

Avant-propos

La thermodynamique appliquée à la chimie nécessite une grande rigueur de raisonnement et fait intervenir certains concepts qui ne sont pas toujours faciles à assimiler de prime abord. Les auteurs ont donc conçu leurs différents chapitres avec le souci constant de réaliser un ouvrage qui, d'une part, ne requiert aucune connaissance préalable en thermodynamique et qui, d'autre part, explique clairement les unes après les autres les étapes du raisonnement.

Les premiers chapitres traitent des fonctions d'état fondamentales (énergie et enthalpie, puis entropie et enthalpie libre) qui permettent de prévoir la réalisation de processus chimiques et leur aspect énergétique. Les trois derniers chapitres développent les applications des résultats obtenus aux équilibres acido-basiques, de solubilité et d'oxydo-réduction. Les notations utilisées suivent les recommandations de l'IUPAC (International Union of Pure and Applied Chemistry).

L'assimilation des notions théoriques exposées est facilitée par la présence, en fin de chapitre, de courts exercices liés directement au cours. Certains sont corrigés de façon très détaillée pour permettre à l'étudiant de s'assurer qu'il a suivi le bon cheminement. Pour les autres seul le résultat final est indiqué.

Cet ouvrage est destiné aux étudiants des DEUG scientifiques et aux élèves des IUT et des BTS ayant un cours de chimie à leur programme. Il sera également utile aux candidats des concours de l'enseignement secondaire.

1. Chaleur de réaction

1 Qu'est-ce qu'une réaction chimique ?

Une réaction chimique est un processus au cours duquel des liaisons chimiques se rompent entre les atomes des molécules de **réactifs** et de nouvelles liaisons chimiques se constituent pour former des molécules de **produits**.

Exemple : combustion du méthane dans le dioxygène à 500 °C :

$$CH_4(g) + 2\,O_2(g) \longrightarrow CO_2(g) + 2\,H_2O(g)$$

Il y a :

- rupture des liaisons entre C et H dans $CH_4(g)$,
- rupture des liaisons entre atomes d'oxygène dans $O_2(g)$,
- formation de liaisons entre C et O pour obtenir la molécule $CO_2(g)$,
- formation de liaisons entre H et O pour obtenir les deux molécules $H_2O(g)$.

1.1 Equation d'une réaction chimique

L'équation chimique traduit le fait que les réactifs réagissent les uns sur les autres, dans des proportions bien précises : a moles de A réagissent sur c moles de C, pour donner l moles de L et p moles de P

$$a\,A + c\,C \longrightarrow l\,L + p\,P$$

Tous les coefficients a, c, l, p peuvent être multipliés ou divisés par un même nombre, sans que soit faussée l'écriture. Ainsi, la réaction de synthèse de l'ammoniac peut aussi bien s'écrire de l'une ou l'autre des façons suivantes :

$$N_2(g) + 3\,H_2(g) \longrightarrow 2\,NH_3(g)$$
$$1/2\ N_2(g) + 3/2\ H_2(g) \longrightarrow NH_3(g)$$

On peut écrire une équation dite de bilan stœchiométrique, qui traduit le fait que, dans un réacteur fermé, la masse reste invariante. Si a moles de A ont réagi sur c moles de C, la perte de masse $\{a \cdot M(A) + c \cdot M(C)\}$ des corps disparus est exactement égale au gain de masse $\{l \cdot M(L) + p \cdot M(P)\}$ des l moles de L et des p moles de P formées :

$$a \cdot M(A) + c \cdot M(C) = l \cdot M(L) + p \cdot M(P)$$

ou : $$0 = l \cdot M(L) + p \cdot M(P) - a \cdot M(A) - c \cdot M(C)$$

ce qui s'écrit de façon tout à fait générale :

$$\Sigma\, \nu(\mathbf{B}) \cdot \mathbf{M}(\mathbf{B}) = 0$$

Dans cette expression, $\nu(B)$ est le **coefficient stœchiométrique** du constituant B :

$\nu(B) > 0$ pour les produits : $\nu(L) = l$ **et** $\nu(P) = p$

$\nu(B) < 0$ pour les réactifs : $\nu(A) = -a$ **et** $\nu(C) = -c$

L'équation représentant le bilan massique peut être écrite de façon plus simple, en désignant la masse molaire de B par la formule chimique de ce corps, c'est-à-dire que dans l'écriture, on confond M(B) et B :

$$\Sigma \nu(\mathbf{B}) \cdot \mathbf{B} = 0$$

qui est appelée **équation de bilan stœchiométrique**.

Exemple : $$N_2(g) + 3\,H_2(g) = 2\,NH_3(g)$$

$$\nu(N_2) = -1 \quad ; \quad \nu(H_2) = -3 \quad ; \quad \nu(NH_3) = 2$$

l'équation bilan montre que la somme des masses de diazote et de dihydrogène consommés est égale à la masse d'ammoniac formé.

La réaction chimique peut donc être représentée par une équation de bilan stœchiométrique, mais on peut également utiliser une autre représentation pour souligner tel ou tel aspect, en écrivant :

- pour indiquer que la réaction s'effectue dans le sens de la synthèse de l'ammoniac :

$$N_2(g) + 3\,H_2(g) \longrightarrow 2\,NH_3(g)$$

- pour signaler que la réaction peut s'effectuer dans l'un ou l'autre sens, selon les conditions initiales :

$$N_2(g) + 3\,H_2(g) \rightleftarrows 2\,NH_3(g)$$

- pour s'intéresser à l'équilibre chimique (dont il sera question en détail plus loin) :

$$N_2(g) + 3\,H_2(g) \rightleftharpoons 2\,NH_3(g)$$

1.2 Avancement d'une réaction chimique

Quand une réaction chimique se produit :

$$a\,A + c\,C \longrightarrow l\,L + p\,P$$

les quantités des réactifs diminuent, alors que les quantités des produits augmentent.

Les quantités initiales des constituants du système sont désignées par $n_0(A)$ mole(s) de A, $n_0(C)$ mole(s) de C, $n_0(L)$ mole(s) de L et $n_0(P)$ mole(s) de P (ces deux dernières quantités sont nulles si on part des seuls réactifs). Quand la réaction a avancé, les quantités des différents constituants sont :

$$n(A) < n_0(A) \ ; \ n(C) < n_0(C) \ ; \ n(L) > n_0(L) \ ; \ n(P) > n_0(P)$$

Ces quantités ne sont pas indépendantes. Elles sont reliées entre elles par :

$$\frac{n(L) - n_0(L)}{l} = \frac{n(P) - n_0(P)}{p} = \frac{n(A) - n_0(A)}{-a} = \frac{n(C) - n_0(C)}{-c} = \xi$$

La grandeur ξ est appelée **avancement de la réaction**.

De façon très générale, pour tout constituant B du système chimique, l'avancement est défini par :

$$\xi = \frac{n(B) - n_0(B)}{\nu(B)}$$

On voit que l'avancement a la dimension d'une quantité de matière (elle s'exprime en moles).

2 Aspect énergétique d'une réaction chimique

Etant donné qu'une réaction chimique conduit à la destruction partielle ou totale des édifices moléculaires des réactifs et à la construction de nouveaux édifices moléculaires (ceux des produits), il est tout à fait exceptionnel que la somme des énergies des nouveaux édifices soit égale à la somme de celles des anciens. Il y a donc perte, ou gain d'énergie pour le système réactionnel. Cette énergie se manifeste surtout sous forme calorifique.

Si le système réactionnel perd de la chaleur, on dit que la réaction chimique qui se produit est **exothermique**. C'est le cas, par exemple, des réactions de combustion, qui sont même, très souvent, fortement exothermiques, d'où leur utilisation pour le chauffage ou la cuisson.

Si le système réactionnel reçoit de la chaleur, on dit que la réaction chimique qui se produit est **endothermique**. C'est le cas, par exemple, de la réaction de formation de la chaux (oxyde de calcium) à partir du carbonate de calcium :

$$CaCO_3(s) \text{ ---------> } CaO(s) + CO_2(g)$$

Le grand apport de chaleur que nécessite cette réaction est fourni par une réaction de combustion (combustion du charbon).

L'expérience permet de savoir si une réaction est exothermique ou endothermique et si la chaleur qui est mise en jeu est importante ou modique. Il est cependant préférable de pouvoir **prévoir** le sens et l'importance de l'échange de chaleur, afin d'adapter le dispositif expérimental : une réaction fortement exothermique nécessitera la mise en place d'un dispositif d'évacuation de la chaleur, alors qu'il faudra envisager un système de chauffage dans le cas d'une réaction endothermique.

La prévision de la chaleur mise en jeu par un processus chimique peut être réalisée en faisant appel au premier principe de la thermodynamique.

3 Premier principe de la thermodynamique

Avant toute chose, il nous faut fournir quelques indications et préciser certaines définitions.

3.1 Définitions

Lors de tout raisonnement thermodynamique, on envisage le partage de l'espace en deux régions (figure 1.1) : le **système** et l'**extérieur**.

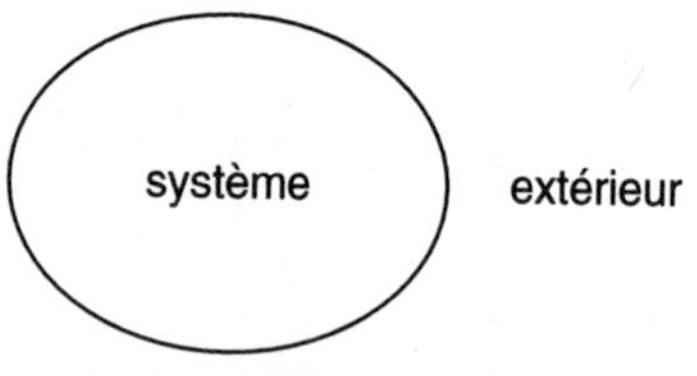

Figure 1.1

La frontière entre le système et l'extérieur peut être réelle ou fictive. Le choix du système est arbitraire, mais ce choix pourra rendre simple, compliqué ou même impossible, un calcul thermodynamique.

En ce qui nous concerne, nous nous intéressons aux processus chimiques et donc, le système sera très généralement constitué par le mélange réactionnel.

Quand une réaction est exothermique, le système **cède** de la chaleur à l'extérieur, alors que le système **reçoit** de la chaleur de l'extérieur quand la réaction est endothermique (figure 1.2).

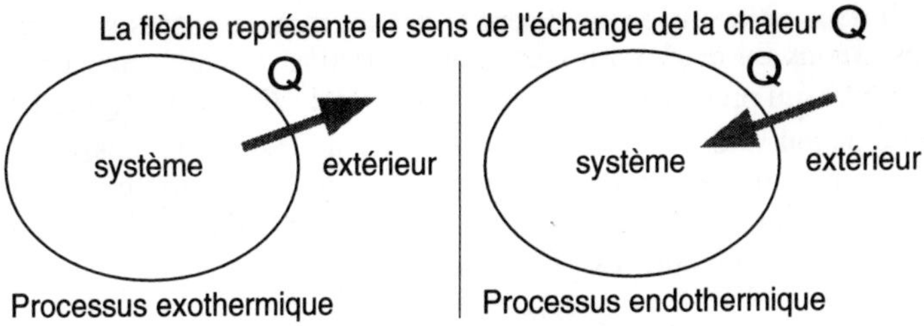

Figure 1.2

Un système est **fermé**, s'il n'échange pas de matière avec l'extérieur (par exemple, réacteur clos). Dans le cas contraire, il est **ouvert**.

Un système est **isolé** s'il n'échange ni matière, ni énergie avec l'extérieur (par exemple, c'est le contenu d'une boîte en polystyrène, de type emballage de glace, en considérant que le polystyrène est un isolant thermique parfait, ce qui n'est, évidemment, pas tout à fait le cas).

Un système est caractérisé par son **état**, qui est défini par la connaissance de certaines grandeurs (appelées **fonctions d'état**) telles que le volume, la température, la pression, l'indice de réfraction, etc.

Quand l'état d'un système se modifie, on dit que ce système est soumis à une **transformation** ou un **processus**.

Parfois, un processus ramène le système à un état final identique à son état initial. En pareil cas, le processus est appelé un **cycle**.

Un processus peut être **réversible** ou **irréversible**.
En pratique, un processus est très généralement irréversible, mais la notion de réversibilité est néanmoins fondamentale dans les raisonnements thermodynamiques, ce qui rend indispensable de nous y attarder un peu.

Un système effectue un processus réversible quand il demeure en équilibre (thermique et mécanique) permanent avec l'extérieur.

Nous allons préciser les choses sur un exemple.
Soit un gaz enfermé dans un cylindre vertical muni d'un piston mobile. La **pression extérieure** P_e est la pression qui agit sur la face externe du piston : c'est la somme de la pression atmosphérique et des pressions dues au poids du piston et des diverses masses que l'on peut poser sur le piston. Dans l'état initial, le système (constitué par le gaz contenu dans le cylindre) est en équilibre (mécanique) avec l'extérieur : le piston est immobile. Ceci implique une égalité entre la pression P du gaz et la pression extérieure P_e.

Si nous enlevons brusquement toutes les masses posées sur le piston, nous créons un déséquilibre en diminuant ainsi brutalement la pression extérieure qui prend alors la valeur P_e' telle que : $P_e' < P$ (figure 1.3).

Le piston se déplace vers le haut de façon à réduire la pression du gaz pour la ramener à la nouvelle valeur (P_e') de la pression extérieure. Le processus qui s'effectue est dû à un déséquilibre entre le système et l'extérieur : c'est un processus **irréversible**.

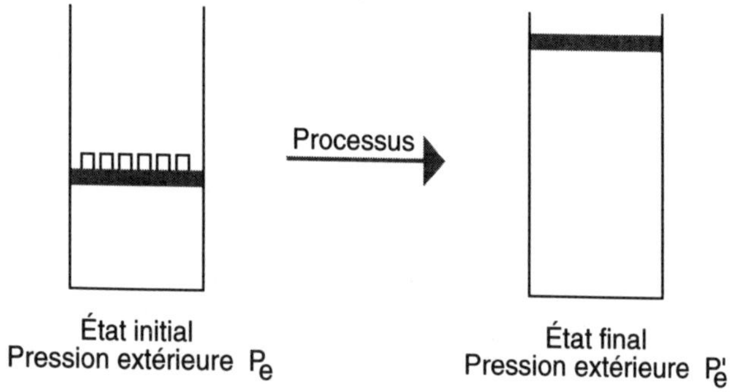

Figure 1.3

Au lieu de procéder en une seule étape, on peut n'enlever qu'une partie des masses, afin d'amener le système à un état d'équilibre intermédiaire, pour une pression extérieure comprise entre P_e et P_e', puis enlever le reste des masses dans une deuxième étape, comme le représente la figure 1.4.

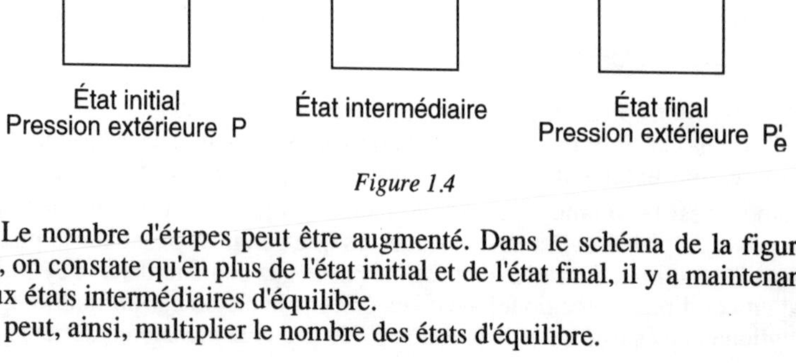

Figure 1.4

Le nombre d'étapes peut être augmenté. Dans le schéma de la figure 1.5, on constate qu'en plus de l'état initial et de l'état final, il y a maintenant deux états intermédiaires d'équilibre.
On peut, ainsi, multiplier le nombre des états d'équilibre.

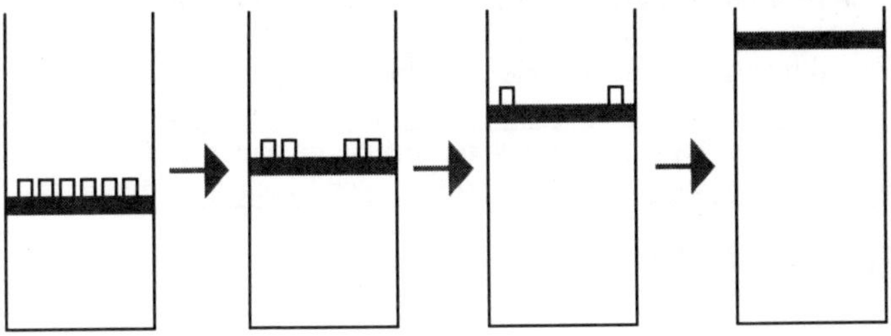

Figure 1.5

A chaque étape, on abaisse la pression extérieure de ΔP. La pression extérieure prend donc successivement les valeurs :

$$P_e, P_e - \Delta P, P_e - 2 \cdot \Delta P, P_e - 3 \cdot \Delta P, ..., P_e'$$

Plus on abaisse la valeur de ΔP, plus on augmente le nombre d'étapes, et donc le nombre d'états d'équilibre. Si ΔP tend vers 0, le nombre d'états d'équilibre tend vers l'infini et le processus tend vers la réversibilité.

Dans l'exemple que l'on vient de voir, **le processus réversible est la limite des processus réels quand $\Delta P = 0$**.

Nous avons parlé des **fonctions d'état** qui permettent de définir l'état d'un système.

Ces fonctions d'état ont une propriété tout à fait fondamentale : **leur variation n'est fonction que de l'état initial et de l'état final du système.**

Si un système subit un processus le faisant passer d'un état initial I à un état final F, toute fonction d'état Y de ce système subit une variation ΔY telle que :

$$\Delta Y = Y_F - Y_I$$

en désignant par Y_I et Y_F les valeurs de Y respectivement dans l'état initial et dans l'état final. On dit que ΔY ne dépend pas du "chemin suivi", c'est-à-dire que ΔY conserve la même valeur quel que soit le processus effectué pour passer de l'état initial à l'état final (en une ou plusieurs étapes, de façon réversible ou irréversible, etc.).

On voit immédiatement l'intérêt de ce résultat : si on ne sait pas calculer ΔY sur un processus réel, il nous suffit d'imaginer n'importe quel autre processus susceptible d'amener le système du même état initial au même état final et pour lequel nous savons calculer ΔY.

3.2 Convention de signe

Par convention internationale[1], on attribue :

- le signe + à tout ce qui est gagné par le système ;
- le signe – à tout ce qui est perdu par le système.

La figure 1.6 schématise cette convention.

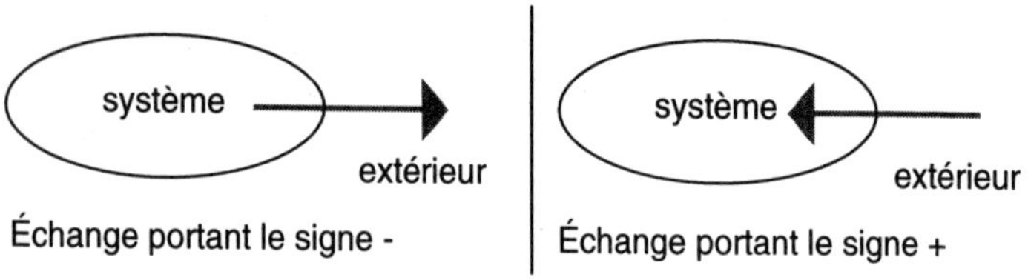

Figure 1.6

3.3 Premier principe

Signalons tout d'abord qu'**un principe ne se démontre pas**. C'est une affirmation confirmée par les faits. Donc, un principe est admis tant qu'il est vérifié par l'expérience.

Chaque principe peut être énoncé de façons très diverses. L'énoncé du premier principe, adopté ici est le suivant :

Lorsqu'un système effectue un processus au cours duquel il échange le travail W et la chaleur Q avec l'extérieur, la somme de ces échanges est égale à la variation d'une fonction d'état du système :

$$\Delta U = W + Q$$

Cette fonction d'état U est appelée **énergie interne.**

Ce principe est appelé **principe de la conservation de l'énergie**. En effet, pour un système isolé ($W = 0$ et $Q = 0$), on a $\Delta U = 0$.

Un système isolé demeure à énergie constante : il ne crée, ni ne perd d'énergie.

---

[1] Attention : cette convention ne date que de quelques décennies. On peut trouver d'autres conventions dans des ouvrages anciens et cela peut engendrer des confusions.

3.4 Utilité du premier principe pour la chimie

Le travail et la chaleur ne sont pas des fonctions d'état, mais leur somme est égale à la variation d'une fonction d'état. Les échanges de travail et de chaleur d'un système avec l'extérieur lors d'un processus quelconque, dépendent de la façon dont s'effectue ce dernier.

Il existe cependant des conditions particulières, **réalisables de façon expérimentale**, pour lesquelles l'échange de chaleur mis en jeu est égal à la variation d'une fonction d'état. Il suffit donc d'effectuer le processus dans ces conditions pour pouvoir prévoir la chaleur dégagée ou absorbée.

Ces conditions sont réalisées, si on effectue le processus **à volume constant** ou **à pression constante**. Nous allons le vérifier.

Avant d'aborder ces conditions particulières, il nous faut nous arrêter sur la notion de travail.

L'expression que nous venons de voir :

$$\Delta U = W + Q$$

peut s'écrire, lorsqu'il s'agit d'échanges *élémentaires* de travail et de chaleur :

$$dU = \delta W + \delta Q$$

On écrit dU, car U est une fonction d'état et dU est la variation infinitésimale de U (dU est appelé *différentielle* de cette fonction).

Par contre, on utilise le symbolisme δ pour souligner le fait que δW et δQ sont des échanges infinitésimaux de travail et de chaleur, mais ne sont pas des variations de fonctions d'état.

En thermodynamique chimique, les formes de travail que l'on est amené à considérer sont :

- le **travail volumique** : il est mis en jeu quand le système change de volume et donc repousse l'extérieur ou est repoussé par lui
- le **travail des forces électriques** : il n'intervient que dans le cas des processus liés à des échanges de charges électriques.

3.4.1 Expression du travail volumique

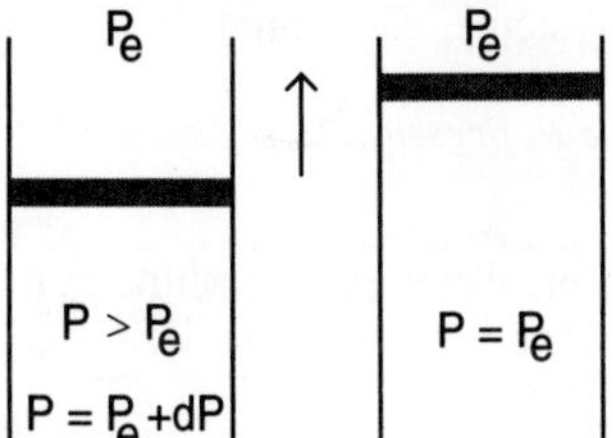

Figure 1.6

Envisageons la détente, contre la pression extérieure P_e, d'un gaz enfermé dans un cylindre muni d'un piston (figure 1.6). Dans l'état initial, on crée une pression extérieure P_e telle que P_e soit inférieure à la pression P du gaz contenu dans le cylindre. Ce déséquilibre mécanique provoque la détente du gaz. Le piston se déplace jusqu'à ce que la pression du gaz soit ramenée à la valeur P_e.

Le piston s'est alors déplacé de la longueur dL, en repoussant l'extérieur.

La force de pression extérieure (F_e) exercée sur le piston, dont la surface est notée S, est : $F_e = P_e \cdot S$.

Le travail mis en jeu est donc, en valeur absolue :

$$F_e \cdot \mathrm{d}L = P_e \cdot S \cdot \mathrm{d}L = P_e \cdot \mathrm{d}V \quad (\text{avec } \mathrm{d}V = S \cdot \mathrm{d}L)$$

Lorsqu'un système augmente son volume d'une quantité dV (d$V > 0$) contre les forces de pression extérieures P_e, il **fournit** le travail :

$$\delta W = -P_e \cdot \mathrm{d}V$$

Le signe "–" est lié à la convention de signe.

Inversement, quand un système voit son volume diminuer (d$V < 0$) sous l'action des forces extérieures, il **reçoit** du travail ($\delta W > 0$).

Nous pouvons, maintenant, revenir sur les conditions particulières pour lesquelles les échanges de chaleur sont mesurés par des variations de fonctions d'état.

3.4.2 Processus réalisé sans modification du volume (à volume constant)

$$V = \text{constante} \quad \Longrightarrow \quad \mathrm{d}V = 0 \quad \text{et donc :} \quad \delta W = 0$$

et, dans ce cas, la relation dU = dW + dQ se ramène à :

$$\delta Q_V = \mathbf{d}U$$

L'indice (V) rappelle que cette relation n'est valable que si le volume du système est maintenu constant.

Pour un échange fini de chaleur, la relation précédente s'écrit :

$$\boxed{Q_V = \Delta U}$$

Ainsi, la chaleur dégagée ou absorbée par le système réactionnel, lors d'un processus chimique réalisé dans un récipient clos (réacteur fermé), est égale à la variation d'énergie interne de ce système réactionnel.

3.4.3 Processus réalisé sans modification de la pression (à pression constante)

Nous allons créer une nouvelle fonction d'état par combinaison de fonctions d'état déjà connues. Il s'agit de la fonction **enthalpie** définie par :

$$H = U + P \cdot V$$

Une variation infinitésimale de H est liée aux variations infinitésimales de V, P et U par :

$$\mathrm{d}H = \mathrm{d}U + P \cdot \mathrm{d}V + V \cdot \mathrm{d}P$$

ou :

$$\mathrm{d}U = \mathrm{d}H - P \cdot \mathrm{d}V - V \cdot \mathrm{d}P$$

Portons cette relation dans l'expression de l'énergie interne vue précédemment :

$$dU = \delta Q + \delta W = \delta Q - P_e \cdot dV$$

La combinaison de ces deux expressions fournit :

$$\delta Q = dH + (P_e - P)\cdot dV - V\cdot dP$$

La pression du système ne peut demeurer constante que si elle reste égale à la pression extérieure (équilibre mécanique), cette dernière demeurant constante. Donc :

P = constante $\Longrightarrow$ $dP = 0$ et $P = P_e$

Il en résulte : $\boldsymbol{\delta Q_p = dH}$

$$\boxed{Q_p = \Delta H}$$

L'indice (p) rappelle que ces relations ne sont valables que si la pression du système est maintenue constante.

Ainsi, la chaleur dégagée ou absorbée par le système réactionnel, lors d'un processus chimique réalisé à pression constante (par exemple à l'air libre), est égale à la variation d'enthalpie de ce système réactionnel.

Nous allons voir qu'il est possible de calculer les variations d'énergie interne et d'enthalpie d'un système réactionnel entre l'état initial (avant le début de la réaction) et l'état final (quand la réaction est achevée) et donc, de **prévoir** la chaleur mise en jeu par cette réaction si elle est réalisée à volume constant ou à pression constante.

4 Energie interne et enthalpie d'un corps pur

Un corps pur peut se trouver à l'état gazeux, solide ou liquide. Les expressions de son énergie interne et de son enthalpie dépendent de son état physique.

4.1 Notion de gaz parfait

Le gaz parfait, en toute rigueur, n'existe pas. Il est constitué de particules qui n'ont aucune interaction les unes avec les autres. Dans la réalité physique, il y a toujours des interactions entre particules, ne serait-ce que par le caractère électrique de la matière.

Cependant, lorsque la pression d'un gaz diminue, la distance moyenne entre les particules s'accroît, et donc les interactions diminuent.

> On peut donc dire que **l'état de gaz parfait est l'état limite de tout gaz lorsque sa pression tend vers zéro.**

En pratique, pour des pressions ordinaires (n'excédant pas quelques atmosphères), l'éloignement des molécules est suffisant pour que l'on puisse admettre un comportement parfait avec une assez grande précision.

Pour un gaz parfait, le volume et la pression sont liés à la température par l'équation d'état :

$$P{\cdot}V = n{\cdot}R{\cdot}T$$

n est la quantité[1] du corps gazeux.
R est la constante des gaz parfaits (= 8,314 J K^{-1} mol^{-1})[2].

4.2 Influence de la pression et de la température sur l'énergie interne et l'enthalpie d'un corps pur

On représente ces influences par des *dérivées partielles*.

Intéressons-nous, tout d'abord, à la notion même de dérivée partielle.
Lorsqu'on considère une fonction d'une seule variable y = f(x), l'influence sur y d'une variation de x est donnée par la dérivée $\frac{dy}{dx}$, mais lorsqu'on considère une fonction de plusieurs variables, par exemple la fonction y = f(x, t, u), l'influence sur y de la variation de l'une quelconque des variables est donnée par la dérivée partielle correspondante. Les dérivées partielles par rapport à x, t et u s'écrivent respectivement :

$$(\frac{\partial y}{\partial x}) \; , \; (\frac{\partial y}{\partial t}) \; , \; (\frac{\partial y}{\partial u}).$$

Le calcul de chacune d'elles s'effectue en considérant les autres variables comme constantes. Par exemple, le calcul de $(\frac{\partial y}{\partial x})$ est réalisé en dérivant y par rapport à x, en traitant u et t comme des constantes.
On peut rappeler que la dérivation s'effectue à t et u constants en écrivant la dérivée partielle par rapport à x sous la forme : $(\frac{\partial y}{\partial x})_{t,u}$.

En ce qui concerne l'influence de la pression et celle de la température sur l'énergie interne et sur l'enthalpie d'un corps, elle est représentée par les dérivées partielles :

$$(\frac{\partial U}{\partial P}), (\frac{\partial U}{\partial T}), (\frac{\partial H}{\partial P}) \text{ et } (\frac{\partial H}{\partial T}).$$

---

[1] L'unité de quantité de matière est la mole (ou mol).

[2] On trouve parfois R exprimé dans un autre système d'unités. Par exemple : $R = 0,082$ l atm mol^{-1} K^{-1}.

4.2.1 Le corps pur considéré est un gaz parfait

Le modèle du gaz parfait conduit à un résultat très important, qui est vérifié par l'expérience (détente de Joule) :

L'énergie interne et l'enthalpie d'un gaz parfait ne dépendent que de la température.

Il en résulte, en particulier que l'énergie interne et l'enthalpie d'un gaz parfait sont indépendantes de la pression :

$$\left(\frac{\partial U}{\partial P}\right)_T = 0 \quad \text{et} \quad \left(\frac{\partial H}{\partial P}\right)_T = 0$$

L'équation d'état d'un gaz parfait montre qu'une modification de la température entraîne nécessairement une variation du volume, ou de la pression, ou des deux. On est donc amené à envisager la variation des fonctions U et H avec la température, soit à pression constante, soit à volume constant. Le fait que la chaleur mise en jeu par un processus (et en particulier une chaleur de réaction) soit mesurée par une variation d'énergie interne quand on est à volume constant, et d'enthalpie quand on est à pression constante, nous amène à nous intéresser plus particulièrement :

- A l'influence de la température sur l'énergie interne, à volume constant :

$$\left(\frac{\partial U}{\partial T}\right)_V = C_V \quad \text{et pour une mole :} \quad \left(\frac{\partial U_\text{m}}{\partial T}\right)_V = C_{V,\text{m}}$$

C_V est appelée **capacité calorifique du corps, à volume constant** et $C_{V,\text{m}}$ est appelée **capacité calorifique molaire du corps, à volume constant**.

- A l'influence de la température sur l'enthalpie, à pression constante :

$$\left(\frac{\partial H}{\partial T}\right)_p = C_p \quad \text{et pour une mole :} \quad \left(\frac{\partial H_\text{m}}{\partial T}\right)_p = C_{p,\text{m}}$$

C_p est appelée **capacité calorifique du corps, à pression constante** et $C_{p,\text{m}}$ est appelée **capacité calorifique molaire du corps, à pression constante**.

Application : chaleur reçue ou fournie par un gaz quand sa température passe de T_1 à T_2.

Deux cas sont à considérer selon que le processus est envisagé à volume constant ou à pression constante.

Ces deux cas sont examinés successivement :

– cas où le processus s'effectue à volume constant :

$$Q_V = \Delta U = \int_{T_1}^{T_2} (\frac{\partial U}{\partial T})_V \, \mathrm{d}T = \int_{T_1}^{T_2} C_V \, \mathrm{d}T$$

– cas où le processus s'effectue à pression constante :

$$Q_p = \Delta H = \int_{T_1}^{T_2} (\frac{\partial H}{\partial T})_p \, \mathrm{d}T = \int_{T_1}^{T_2} C_p \, \mathrm{d}T$$

Si $T_2 > T_1$: le processus envisagé est un chauffage ; le gaz reçoit de la chaleur : Q_V (ou Q_p) est positif.

Si $T_2 < T_1$: le processus envisagé est un refroidissement ; le gaz perd de la chaleur : Q_V (ou Q_p) est négatif.

Remarque : Les valeurs des capacités calorifiques à pression constante ou à volume constant, pour un même corps, ne sont pas indépendantes l'une de l'autre. Dans le cas d'un gaz parfait, on démontre que les capacités calorifiques molaires sont liées par la relation simple (relation de Mayer) :

$$\boldsymbol{C_{p,\mathrm{m}} - C_{V,\mathrm{m}} = R}$$

4.2.2 Le corps pur considéré est un solide ou un liquide

La pression n'a que très peu d'influence sur l'énergie interne et l'enthalpie d'un corps solide ou liquide :

$$(\frac{\partial U}{\partial P})_T \# 0 \text{ et } (\frac{\partial H}{\partial P})_T \# 0$$

La variation de l'énergie interne et de l'enthalpie avec la température est la même que dans le cas d'un gaz parfait, avec une simplification :

$$C_{p,\mathrm{m}} = C_{V,\mathrm{m}}$$

Dans le cas d'un liquide ou d'un solide, on parle de capacité calorifique, sans qu'il soit nécessaire de préciser "à pression constante" ou "à volume constant".

5 Prévision des chaleurs de réaction

Nous avons vu que l'échange de chaleur mis en jeu au cours d'un processus est égal à la variation d'une fonction d'état du système quand on est à volume constant (la fonction est, alors, U) ou à pression constante (la fonction est, alors, H). Si le processus envisagé est une réaction chimique, cette variation d'énergie interne ou d'enthalpie est notée[1] $\Delta_r U$ ou $\Delta_r H$:

$$Q_V = \Delta_r U \qquad \text{et} \qquad Q_P = \Delta_r H \ .$$

La variation d'énergie interne ou d'enthalpie du système réactionnel ($\Delta_r U$ ou $\Delta_r H$.) dépend :

- de la spécificité de la réaction ;
- de la quantité de matière qui réagit (la combustion de 100 moles de carbone dégage 100 fois plus de chaleur que celle d'une seule mole).

On définit une grandeur **molaire de réaction** (énergie interne ou enthalpie molaire de réaction) qui, elle, est spécifique de la réaction. Elle correspond à une mole d'avancement :

- Energie interne molaire de réaction : $\Delta_r U_m = \dfrac{\Delta_r U}{\xi}$

- Enthalpie molaire de réaction : $\Delta_r H_m = \dfrac{\Delta_r H}{\xi}$

A titre d'exemple, pour la réaction de synthèse de l'ammoniac ($N_2 + 3H_2 = 2NH_3$), $\Delta_r H_m$ correspond à la variation d'enthalpie liée à la transformation d'**une** mole de diazote et de **trois** moles de dihydrogène en **deux** moles d'ammoniac.

5.1 Loi de Hess

Puisque l'énergie interne et l'enthalpie sont des fonctions d'état, il est possible de prévoir $\Delta_r U_m$ et $\Delta_r H_m$. Ainsi, dans l'exemple précédent de la synthèse de l'ammoniac :

$\Delta_r U_m =$ différence entre l'énergie interne du système dans l'état final ($2NH_3$) et l'énergie interne du système dans l'état initial ($N_2 + 3H_2$)

$$\Delta_r U_m = 2 \cdot U_m(NH_3) - U_m(N_2) - 3 \cdot U_m(H_2)$$

---

[1] Le symbolisme ΔY (par exemple ΔV, ΔU, ΔH, etc. si la fonction d'état est le volume, l'énergie interne, l'enthalpie, etc.) signifie qu'il s'agit d'une variation de la fonction d'état Y, sans autre information sur la nature de cette variation. On indique, généralement en indice, entre Δ et Y, la nature de cette variation: "r" pour une réaction chimique, "fus" pour une fusion, "vap" pour une vaporisation, etc.

U_m (NH_3), U_m (N_2) et U_m (H_2) représentent l'énergie interne molaire de l'ammoniac, du diazote et du dihydrogène respectivement.

Bien entendu, en faisant intervenir les enthalpies molaires des constituants du système, on a, de même :

$$\Delta_r H_m = 2 \cdot H_m(NH_3) - H_m(N_2) - 3 \cdot H_m(H_2)$$

Ces résultats peuvent se généraliser à tout système réactionnel, sous la forme :

$$\boldsymbol{\Delta_r U_m = \Sigma\, \nu(B) \cdot U_m(B) \quad \text{et} \quad \Delta_r H_m = \Sigma\, \nu(B) \cdot H_m(B)}$$

qui constitue la **loi de Hess.**

L'application de cette loi n'est pas limitée aux seules fonctions énergie interne et enthalpie, mais également à la fonction volume et à d'autres fonctions que nous serons prochainement amenés à introduire.

5.2 Relation entre $\Delta_r U_m$ et $\Delta_r H_m$

L'expression de l'enthalpie ($H = U + P \cdot V$) permet d'écrire :

$$\Delta_r H_m = \Delta_r U_m + \Delta_r(P \cdot V_m)$$

Le volume molaire d'un liquide ou d'un solide étant beaucoup plus petit que celui d'un gaz (au moins 1000 fois plus petit) et il en est, donc, de même pour les produits $P \cdot V_m$. Dans l'expression de $\Delta_r(P \cdot V_m)$, nous négligerons les produits $P \cdot V_m$ des solides et des liquides devant ceux des gaz :

$$\Delta_r(P \cdot V_m) \# \Delta_r(P \cdot V_m(B, g)) = \Sigma\, \nu(B, g) \cdot P(B, g) \cdot V_m(B, g)$$

Le symbolisme $V_m(B, g)$ rappelle que seuls les constituants (B) gazeux interviennent dans ce calcul. Par ailleurs, pour un gaz parfait : $P \cdot V_m = R \cdot T$.

On aboutit, donc, à la relation suivante :

$$\boldsymbol{\Delta_r H_m = \Delta_r U_m + R \cdot T \cdot \Sigma\, \nu(B,g)}$$

A titre d'exemple, pour la réaction $C(s) + CO_2(g) = 2\, CO(g)$

$$\Sigma\, \nu(B, g) = \nu(CO_2) + \nu(CO) = -1 + 2 = 1$$

On voit l'intérêt qu'il y a à préciser l'état physique des corps dans l'équation chimique.

Ce résultat étant acquis, nous nous intéresserons plus spécialement à l'enthalpie molaire de réaction. Nous savons maintenant que la connaissance de cette grandeur nous permet d'accéder, sans difficulté, à celle de l'énergie interne molaire de réaction.

5.3 Enthalpie molaire de réaction "de référence" (ou "standard")

L'état **de référence** (ou **standard**) correspond à une pression $P°$, appelée pression **de référence**, arbitrairement choisie. Par convention internationale, elle est prise égale à 0,1 MPa (elle est légèrement inférieure à 1 atm = $1{,}01325.10^5$ Pa).

L'enthalpie molaire d'un corps à la pression de référence est notée $H_m°$ et appelée **enthalpie molaire de référence** (ou standard).

L'utilisation de ces enthalpies molaires de référence dans l'expression de la loi de Hess, conduit à la définition d'une **enthalpie molaire de référence de réaction** :

$$\Delta_r H_m° = \sum \nu(\mathbf{B}) \cdot H_m°(\mathbf{B})$$

On voit que la connaissance des enthalpies molaires de référence de tous les corps permet la détermination de l'enthalpie molaire de référence de réaction pour tout processus chimique envisageable.

Il n'est, cependant, pas possible de mesurer directement l'enthalpie (ou l'énergie) d'un corps. On ne sait mesurer que des *différences* (ΔH ou ΔU) et on ne connaît, donc pas les valeurs des fonctions H et U de façon absolue. On a donc recours à une **convention** permettant d'établir une échelle des enthalpies des corps :

On attribue la valeur zéro à l'enthalpie molaire de référence, à 298,15 K, de tous les corps simples sous leur état physique stable (à cette température et sous 1.10^5 Pa)

Exemples :
$H_m°(H_2\,;\,g\,;\,298{,}15\text{ K}) = 0$; $H_m°(Br_2\,;\,l\,;\,298{,}15\text{ K}) = 0$;
$H_m°(C;\text{ graphite}\,;\,298{,}15\text{ K}) = 0$.

5.4 Enthalpie molaire de formation "de référence" (ou "standard")

On appelle **réaction de formation** d'un corps, la réaction par laquelle il est formé **à partir des corps simples** dans leur état physique stable à la pression et à la température considérées.

Par exemple, la réaction de formation du benzène est la synthèse de ce corps à partir de carbone et de dihydrogène :

$$6\,C(s) + 3\,H_2(g) = C_6H_6(l)$$

D'après la loi de Hess, l'enthalpie de formation (notée $\Delta_f H_m$) du benzène est :

$$\Delta_f H_m(C_6H_6,\,l) = H_m(C_6H_6,\,l) - 6 \cdot H_m(C,\text{ graphite}) - 3 \cdot H_m(H_2,\,g)$$

Si chaque corps est pris sous la pression de référence, l'enthalpie de la réaction de formation est une enthalpie de formation, de référence.

Exprimons l'enthalpie de formation, de référence du benzène, à 298,15 K :

$$\Delta_f H_m°(C_6H_6, l, 298{,}15\ K) = H_m°(C_6H_6, l, 298{,}15\ K) - 6 \cdot H_m°(C, \text{graphite}, 298{,}15\ K) - 3 \cdot H_m°(H_2, g, 298{,}15\ K)$$

Or, en prenant en compte la convention énoncée précédemment :

$$H_m°(C, \text{graphite}, 298{,}15\ K) = 0 \quad \text{et} \quad H_m°(H_2, g, 298{,}15\ K) = 0$$

On voit que :

$$\Delta_f H_m°(C_6H_6, l, 298{,}15\ K) = H_m°(C_6H_6, l, 298{,}15\ K)$$

La convention adoptée pour l'enthalpie de référence des corps simples à 298,15 K amène l'enthalpie de référence des corps composés à être égale à l'enthalpie de formation, de référence, de ces mêmes corps à 298,15 K.

Il en résulte que la loi de Hess peut aussi s'écrire sous la forme :

$$\boxed{\Delta_r \boldsymbol{H}_m° = \Sigma\, \nu(\mathbf{B}) \cdot \Delta_f \boldsymbol{H}_m°(\mathbf{B})}$$

Il existe des tables donnant les valeurs de $\Delta_f H_m°$ (ou de $H_m°$) de tous les corps connus, à 298,15 K. On peut, donc, à l'aide de ces tables de valeurs, calculer $\Delta_r H_m°$ à 298,15 K, **pour toute réaction chimique**.

5.5 Enthalpie molaire de combustion

La combustion est un type de réaction fréquemment utilisé pour la détermination des enthalpies molaires des composés organiques.

Lorsque le composé organique n'est constitué que des éléments carbone, hydrogène et oxygène, les produits de la combustion sont le dioxyde de carbone (à l'état gazeux) et l'eau (à l'état liquide) :

$$C_xH_yO_z + \left(x + \frac{y}{4} - \frac{z}{2}\right) O_2(g) = x\, CO_2(g) + \frac{y}{2} H_2O(l)$$

Quand le composé contient, également, l'élément azote, les produits de la combustion sont, outre le dioxyde de carbone et l'eau, le diazote et éventuellement des traces d'oxydes d'azote qu'il faut doser.

Une réaction de combustion est réalisée dans des conditions particulières :

- en présence d'un grand excès de dioxygène pour rendre la combustion aussi complète que possible (éviter au maximum la formation de monoxyde de carbone et la présence d'un dépôt de carbone imbrûlé) ;

- dans un récipient clos (appelé **bombe calorimétrique**) immergé dans un calorimètre. La réaction a donc lieu **à volume constant** : la chaleur de combustion mesurée est donc égale à la variation d'énergie interne du système ($\Delta_c U$). On accède, ensuite, à l'enthalpie de combustion ($\Delta_c H$) par le calcul.

Compte tenu de ce qui a été vu précédemment quant à l'influence de la pression sur l'enthalpie d'un corps, on peut écrire : $\Delta_c H \ \# \ \Delta_c H°$, dans la mesure où la pression du dioxygène dans la bombe n'est pas trop élevée (ce qui permet de considérer ce gaz comme parfait). La connaissance de $\Delta_c H°$ rend possible la détermination de l'enthalpie de référence du corps brûlé, par application de la loi de Hess à la réaction de combustion[1].

5.6 Influence de la température sur une chaleur de réaction

Nous savons, maintenant, **prévoir** une chaleur de réaction (à pression constante, ou à volume constant), si cette réaction est réalisée à 298,15 K. En pratique, pour des questions de rendement et également de cinétique, cette température n'a aucune raison d'être la plus favorable pour tel ou tel processus chimique. Certaines réactions sont conduites à des températures plus élevées, d'autres à des températures plus basses. Il nous faut donc pouvoir prévoir une chaleur de réaction à toute température. Le fait que U et H soient des fonctions d'état et le fait que l'on sache comment ces fonctions U et H varient avec la température ($(\frac{\partial U}{\partial T})_V = C_V$ et $(\frac{\partial H}{\partial T})_p = C_p$) vont nous permettre de résoudre facilement ce problème.

Envisageons un exemple : l'hydrogénation du benzène.

$$C_6H_6(l) + 3\ H_2(g) = C_6H_{12}(l)$$

Supposons connue l'enthalpie molaire de réaction de référence à la température T_0 (par exemple, T_0 = 298,15 K et $\Delta_r H_m°(T_0)$ est fourni par application de la loi de Hess aux données des tables), et inconnue la valeur de cette même enthalpie, à une autre température T_1 : $\Delta_r H_m°(T_1)$.

Nous allons prendre comme état initial les réactifs à la température T_1 et comme état final, les produits à la même température T_1.

Le schéma de la figure 1.7 montre que l'on peut passer de l'état initial à l'état final de deux façons différentes :

- Soit directement, en réalisant la réaction chimique à la température T_1 : la variation d'enthalpie correspondante est $\Delta_r H_m°(T_1)$.

1 Un exemple de calcul est fourni dans l'exercice 1.5.

- Soit en procédant en trois étapes :

a : on amène les réactifs de la température T_1 à la température T_0 (la variation d'enthalpie correspondante est notée $\Delta H_1°$).

b : on réalise la réaction chimique à la température T_0 (la variation d'enthalpie correspondante est $\Delta_r H_m°(T_0)$).

c : on amène les produits de la température T_0 à la température T_1 (la variation d'enthalpie correspondante est notée $\Delta H_2°$).

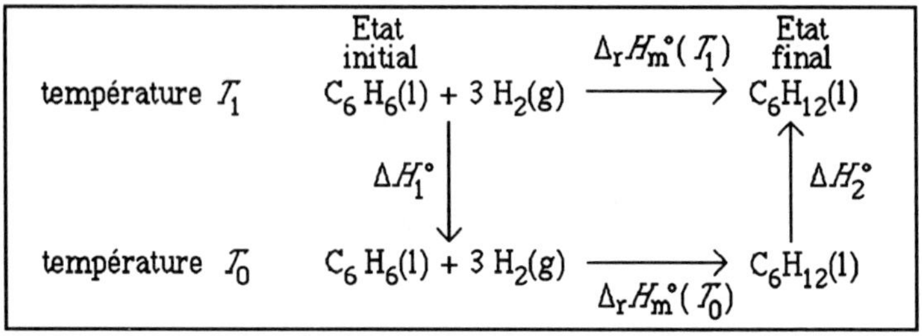

Figure 1.7

La variation d'une fonction d'état étant indépendante du chemin suivi entre l'état initial et l'état final, on peut écrire :

$$\Delta_r H_m°(T_1) = \Delta H_1° + \Delta_r H_m°(T_0) + \Delta H_2°$$

$\Delta H_1°$ est la variation d'enthalpie résultant du passage d'une mole de benzène et de trois moles de dihydrogène de T_1 à T_0 :

$$\Delta H_1° = \int_{T_1}^{T_0} [C_{p,\,m}°(C_6H_6) + 3 \cdot C_{p,\,m}°(H_2)] \cdot dT$$

$\Delta H_2°$ est la variation d'enthalpie résultant du passage d'une mole de cyclohexane de T_0 à T_1 :

$$\Delta H_2° = \int_{T_0}^{T_1} C_{p,\,m}°(C_6H_{12}) \cdot dT$$

$$\Delta_r H_m°(T_1) = \int_{T_1}^{T_0} [C_{p,\,m}°(C_6H_6) + 3 \cdot C_{p,\,m}°(H_2)] \cdot dT$$

$$+ \Delta_r H_m°(T_0) + \int_{T_0}^{T_1} C_{p,\,m}°(C_6H_{12}) \cdot dT$$

$$\Delta_r H_m°(T_1) = \Delta_r H_m°(T_0) + \int_{T_0}^{T_1} [C_{p,m}°(C_6H_{12}) - C_{p,m}°(C_6H_6) - 3 \cdot C_{p,m}°(H_2)] \cdot dT$$

Ce résultat se généralise, pour toute réaction, sous la forme :

$$\boldsymbol{\Delta_r H_m°(T_1) = \Delta_r H_m°(T_0) + \int_{T_0}^{T_1} \Delta_r C_{p,m}° \cdot dT}$$

avec :

$$\boldsymbol{\Delta_r C_{p,m}° = \sum \nu(B) \cdot C_{p,m}°(B)}$$

Le même raisonnement appliqué à l'énergie interne de réaction ($\Delta_r U_m$) conduit à :

$$\boldsymbol{\Delta_r U_m(T_1) = \Delta_r U_m(T_0) + \int_{T_0}^{T_1} \Delta_r C_{V,m} \cdot dT}$$

avec :

$$\boldsymbol{\Delta_r C_{V,m} = \sum \nu(B) \cdot C_{V,m}(B)}$$

5.7 Possibilité d'utilisation des énergies de liaison

Nous venons de voir que la tabulation des enthalpies (ou des enthalpies de formation) molaires de référence à 298,15 K, de tous les corps, associée à la connaissance des capacités calorifiques, permet de prévoir la chaleur mise en jeu par n'importe quelle réaction, à pression constante ou à volume constant, à n'importe quelle température.

Le développement de la chimie s'accompagne d'une progression incessante du nombre de produits synthétisés et les tables de données numériques atteignent des tailles impressionnantes. Il paraît donc judicieux de chercher à aboutir aux mêmes résultats en utilisant d'autres principes de calcul. Il est tentant, dans ce but, de faire appel aux énergies (et enthalpies) de liaison.

Une réaction chimique consistant en la rupture de certaines liaisons entre atomes et la formation de nouvelles, la connaissance des énergies des liaisons brisées et des liaisons formées permet d'accéder à l'énergie mise en jeu par le processus réactionnel. Les types de liaisons susceptibles de se former reste en nombre très limité puisque la même liaison se retrouve dans un très grand nombre de molécules (par exemple, les liaisons C-C et C-H se retrouvent dans presque toutes les molécules organiques). Il paraît donc *a priori* plus avantageux de tabuler les énergies des divers types de liaison que les énergies internes ou les enthalpies molaires des corps connus. En pratique, les choses ne sont malheureusement pas si simples.

5.7.1 Energie et enthalpie de liaison

On appelle **énergie de liaison l'énergie mise en jeu par la réaction :**

$$\mathbf{A(g) + B(g) \longrightarrow AB(g)}$$

Au cours de cette réaction, **une** mole de molécules gazeuses AB est formée à partir d'**une** mole de A gazeux et **une** mole de B gazeux.

Les entités représentées par A et B peuvent être :

- des atomes identiques ou différents :

$$H(g) + H(g) \longrightarrow H_2(g)$$
$$H(g) + Cl(g) \longrightarrow HCl(g)$$

- des groupements d'atomes (ou radicaux) se combinant entre eux ou avec des atomes :

$$H(g) + OH(g) \longrightarrow H_2O(g)$$
$$CH_3(g) + CH_3(g) \longrightarrow CH_3\text{-}CH_3(g)$$
$$CH_3(g) + CH_2\text{-}CH_3(g) \longrightarrow CH_3\text{-}CH_2\text{-}CH_3(g)$$

La formation d'une liaison chimique entraîne toujours une diminution de l'enthalpie de l'édifice réalisé : le processus de formation d'une liaison est donc toujours exothermique. La définition adoptée ici[1], conduit à ce qu'une **énergie de liaison soit toujours négative**.

La réaction inverse (rupture de la liaison) est, bien sûr, endothermique.

Une enthalpie de liaison découle directement de l'énergie de liaison par application de la relation $\Delta_r H_m = \Delta_r U_m + R \cdot T \cdot \sum \nu(B, g)$, pour laquelle $\sum \nu(B, g)$ est toujours égal à –1 puisque deux moles de gaz fournissent une mole de gaz. Donc, la relation liant une enthalpie de liaison à une énergie de liaison est :

$$\Delta_r H_m = \Delta_r U_m - RT$$

---

[1] Attention : la définition utilisée, ici, pour l'énergie de liaison n'est pas unanimement acceptée. Dans de nombreux ouvrages, l'énergie de liaison correspond non pas à la formation, mais à la rupture de la liaison. Le signe de la valeur numérique suffit pour savoir si l'on est en présence de l'une ou l'autre des conventions.

Le même type de liaison se retrouve, généralement, dans de nombreuses molécules :

- la liaison O-H se retrouve dans l'eau, les alcools, les phénols, etc.
- la liaison C-H se retrouve dans tous les composés organiques.
- la liaison C-C se retrouve dans presque tous les composés organiques.

L'expérience montre que, pour un même type de liaison, l'énergie n'est pas la même pour toutes les molécules. Par exemple, l'énergie de la liaison C-H est :

- égale à – 431 kJ mol^{-1} pour le méthane

$$CH_3(g) + H(g) \longrightarrow CH_4(g)$$

- égale à – 376 kJ mol^{-1} pour la liaison du carbone tertiaire de l'isobutane

$$C(CH_3)_3\,(g) + H(g) \longrightarrow HC(CH_3)_3(g)$$

En fait, deux facteurs influent sur la valeur d'une énergie de liaison :

- la nature des atomes liés.
- l'environnement des atomes liés (effet de chaîne).

Le premier facteur est prépondérant, mais le deuxième n'est cependant pas négligeable. En pratique, les valeurs fournies par les tables d'énergies de liaisons sont, pour chaque type de liaison, une valeur moyenne.

5.7.2 Utilisation des tables d'énergies de liaison pour le calcul d'une énergie interne de réaction

Examinons un exemple :

$$C_2H_4(g) + H_2 = C_2H_6(g)$$

On peut envisager de former d'une part les réactifs et, d'autre part le produit, à partir des éléments atomiques gazeux, comme le schématise la figure 1.8.

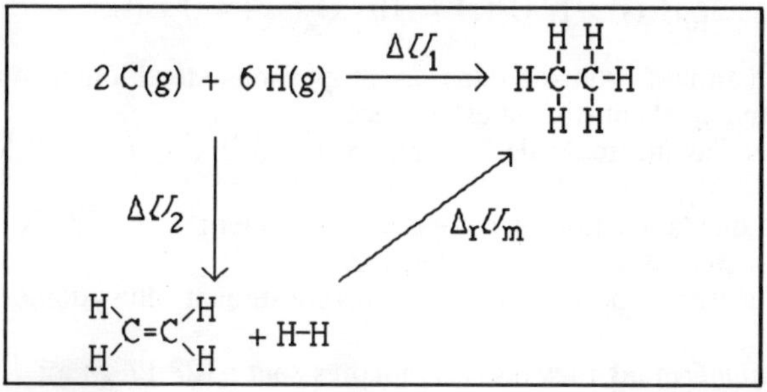

Figure 1.8

On voit que : $\Delta_r U_m = \Delta U_1 - \Delta U_2$

et : $\Delta U_1 = U\,(\text{C-C}) + 6 \cdot U\,(\text{C-H})$

$\Delta U_2 = U\,(\text{C=C}) + 4 \cdot U\,(\text{C-H}) + U\,(\text{H-H})$

De façon générale :

$\Delta_r U_m = \Sigma$ énergies des liaisons des produits

$- \Sigma$ énergies des liaisons des réactifs

Etant donné que les énergies de liaison fournies par les tables ne sont que des valeurs moyennes, les $\Delta_r U_m$ obtenus par cette méthode de calcul ne sont que des valeurs approchées de la valeur réelle.

6 Enoncés des exercices corrigés

Les solutions de ces exercices sont fournies dans le paragraphe 7.

Exercice 1.1

Sachant que le volume molaire d'un gaz parfait sous la pression $1{,}000.10^5$ Pa (égale à la pression de référence P °), à 273,15 K, est $V_m = 22{,}711$ dm^3 mol^{-1}, calculer :

1/ La valeur de la constante R des gaz parfaits.

2/ Le volume molaire de ce gaz à 273,15 K, sous une pression de 1,000 atm. Il est rappelé que 1 atm = $1{,}01325.10^5$ Pa.

Exercice 1.2

On fait réagir 17,920 g de dioxygène sur 2,564 g de naphtalène. La réaction de combustion observée s'écrit :

$$C_{10}H_8(s) + 12\,O_2(g) = 10\,CO_2(g) + 4\,H_2O(l).$$

1/ Les constituants sont-ils dans les proportions stœchiométriques ? Dans la négative quel constituant est en excès ?

2/ Calculer l'avancement de la réaction quand il s'est formé 0,630 g d'eau.

3/ Sachant que la réaction est complète, déterminer :

a : l'avancement quand la réaction s'arrête.

b : la quantité respective de chacun des constituants du système.

Données numériques : les masses molaires sont : 128,17 g mol^{-1} pour $C_{10}H_8$; 32,00 g mol^{-1} pour O_2 ; 44,01 g mol^{-1} pour CO_2 et 18,02 g mol^{-1} pour H_2O.

Exercice 1.3

Dans un récipient de 10,00 dm^3, on mélange 0,2285 mole de diazote, 0,2500 mole de dihydrogène et $2{,}25.10^{-3}$ mole d'ammoniac. La température de ce système est 10,00 °C. La réaction de synthèse de l'ammoniac se développe dans ce mélange réactionnel et, au bout d'un temps t, la quantité de diazote dans le récipient n'est plus que 0,2032 mole.

1/ Déterminer la pression totale et les pressions partielles des constituants du système dans l'état initial.

2/ Ecrire l'équation de la réaction.

3/ Calculer l'avancement de la réaction au temps t.

4/ Calculer les quantités des différents constituants du système au temps t.

Exercice 1.4

Dans un réacteur de volume V, à la température T, on enferme 12,6 g de vapeur d'eau et 8,0 g de méthane. La pression P_i avant réaction est égale à 101 325 Pa. Les conditions sont telles que se développe une réaction dont l'équation de bilan s'écrit : $H_2O(g) + CH_4(g) = CO(g) + 3\ H_2(g)$.
Lorsque la réaction s'arrête, on constate que la pression totale P_f dans l'enceinte se fixe à la valeur de 135 100 Pa. En admettant que tous les gaz en cause puissent être considérés comme des gaz parfaits, calculer l'avancement de la réaction, les quantités de dihydrogène et d'oxyde de carbone formées, ainsi que les quantités restantes de vapeur d'eau et de méthane.
Masses molaires : 18,0 g mol^{-1} pour H_2O et 16,0 g mol^{-1} pour CH_4.

Exercice 1.5

La combustion dans une bombe calorimétrique (volume constant) d'une pastille de 1,280 g de naphtalène ($C_{10}H_8$) dégage 51,490 kJ à 298 K.

1/ Calculer la valeur de l'énergie interne molaire de combustion du naphtalène à 298 K.

2/ Calculer la valeur de l'enthalpie molaire de combustion du naphtalène à 298 K.

3/ Calculer la valeur de l'enthalpie molaire de formation du naphtalène à 298 K.

Données à 298 K :
$\Delta_f H_m°(CO_2, g) = -393{,}51$ kJ mol^{-1}.
$\Delta_f H_m°(H_2O, l) = -285{,}84$ kJ mol^{-1}.
Masse molaire du naphtalène : 128,2 g mol^{-1}.

Exercice 1.6

Pour la réaction

$$H_2S(g) + 3/2\, O_2(g) = H_2O(g) + SO_2(g)$$

calculer :

1/ l'enthalpie molaire de réaction de référence à 298 K ;
2/ l'enthalpie molaire de réaction de référence à 800 K ;
3/ l'énergie interne molaire de réaction à 800 K.

Données :

Enthalpies molaires, de référence, à 298 K :

$H_m°(H_2S, g, 298\ K) = -\ 20{,}15\ kJ\ mol^{-1}$.

$H_m°(H_2O, g, 298\ K) = -\ 241{,}83\ kJ\ mol^{-1}$.

$H_m°(SO_2, g, 298\ K) = -\ 296{,}90\ kJ\ mol^{-1}$.

Capacités calorifiques molaires, à pression constante :

$C_{p,m}(H_2S, g) = (26{,}71 + 23{,}87.10^{-3}.T - 5{,}062.10^{-6}.T^2)\ J\ K^{-1}\ mol^{-1}$.

$C_{p,m}(H_2O, g) = (30{,}20 + 9{,}933.10^{-3}.T + 1{,}117.10^{-6}.T^2)\ J\ K^{-1}\ mol^{-1}$.

$C_{p,m}(O_2, g) = (25{,}50 + 13{,}61.10^{-3}.T - 4{,}255.10^{-6}.T^2)\ J\ K^{-1}\ mol^{-1}$.

$C_{p,m}(SO_2, g) = (25{,}72 + 57{,}91.10^{-3}.T - 38{,}09.10^{-6}.T^2)\ J\ K^{-1}\ mol^{-1}$.

7 Corrigés des exercices

Exercice 1.1

1/ Equation d'état des gaz parfaits : $P{\cdot}V = n{\cdot}R{\cdot}T$

Donc : $$R = \frac{P \cdot V}{n \cdot T} = \frac{P \cdot V_m}{T}$$

Dans le système international (SI), les unités sont le Pascal (Pa) pour la pression, le mètre cube (m^3) pour le volume et le kelvin (K) pour la température.

$$R = \frac{1{,}000.10^5 \times 22{,}711.10^{-3}}{273{,}15} = 8{,}314\ J\ K^{-1}mol^{-1}$$

2/ A température constante : $P{\cdot}V =$ constante.
Si la pression passe de P_1 à P_2, le volume molaire passe de V_{m1} à V_{m2} :

$$V_{m2} = V_{m1} \cdot \frac{P_1}{P_2} = 22{,}711.10^{-3} \times \frac{1{,}000.10^5}{1{,}01325.10^5} = 22{,}41.\ 10^{-3}\ m^3$$

Exercice 1.2

1/ On compare le rapport des quantités des réactifs et celui des coefficients stœchiométriques :

Si $\dfrac{n_0(O_2)}{n_0(C_{10}H_8)} = \dfrac{\nu(O_2)}{\nu(C_{10}H_8)}$:
les réactifs sont en proportions stœchiométriques.

Si $\dfrac{n_0(O_2)}{n_0(C_{10}H_8)} > \dfrac{\nu(O_2)}{\nu(C_{10}H_8)}$: O_2 est en excès.

Si $\dfrac{n_0(O_2)}{n_0(C_{10}H_8)} < \dfrac{\nu(O_2)}{\nu(C_{10}H_8)}$: $C_{10}H_8$ est en excès.

Ici $\dfrac{n_0(O_2)}{n_0(C_{10}H_8)} = \dfrac{17{,}920 / 32{,}00}{2{,}564 / 128{,}17} = 28{,}0$ et $\dfrac{\nu(O_2)}{\nu(C_{10}H_8)} = 12$

Donc, le dioxygène est en large excès.

2/

$$\xi = \frac{n\,(H_20) - n_0(H_20)}{\nu\,(H_20)}$$

$n\,(H_2O) = (0{,}630 / 18{,}02)$ mol, $n_0(H_2O) = 0$ et $\nu\,(H_2O) = 4$.

$$\xi = 8{,}74.10^{-3} \text{ mol.}$$

3/ La réaction s'arrête quand le réactif qui est en défaut (ici $C_{10}H_8$) disparaît :

$$n\,(C_{10}H_8) = 0$$

a : Dans l'état final, l'avancement est :

$$\xi = \frac{n\,(C_{10}H_8) - n_0(C_{10}H_8)}{\nu\,(C_{10}H_8)} = \frac{-2{,}564 / 128{,}17}{-1} = 2{,}000.10^{-2} \text{ mol.}$$

b : Quantité de chaque constituant :

$n\,(O_2) = n_0(O_2) - 12{\cdot}\xi = (17{,}920 / 32{,}00) - 12 \times 2{,}000.10^{-2} = 0{,}3200$ mol.

$n\,(CO_2) = n_0(CO_2) + 10{\cdot}\xi = 10{\cdot}\xi = 0{,}2000$ mol.

$n\,(H_2O) = n_0(H_2O) + 4{\cdot}\xi = 4{\cdot}\xi = 8{,}000.10^{-2}$ mol.

Exercice 1.3

1/ Pressions partielles initiales :

$$P\,(N_2) = n\,(N_2).\frac{R \cdot T}{V}\ ;\ P\,(H_2) = n\,(H_2).\frac{R \cdot T}{V}\ ;\ P\,(NH_3) = n\,(NH_3).\frac{R \cdot T}{V}$$

Pression totale initiale :

$$P_I = P\,(N_2) + P\,(H_2) + P\,(NH_3) = [n\,(N_2) + n\,(H_2) + n\,(NH_3)].\frac{R \cdot T}{V}$$

$$\frac{R \cdot T}{V} = \frac{8{,}314 \times 283{,}15}{1{,}000.10^{-2}}\ \text{Pa mol}^{-1}$$

D'où : $P\,(N_2) = 5{,}379.10^4$ Pa, $P\,(H_2) = 5{,}885.10^4$ Pa, $P\,(NH_3) = 529{,}7$ Pa et $P_I = 1{,}132.10^5$ Pa.

2/ $N_2(g) + 3\,H_2(g) = 2NH_3(g)$

3/ Avancement :

$$\xi = \frac{n\,(N_2) - n_0(N_2)}{-1} = \frac{0{,}2032 - 0{,}2285}{-1} = 2{,}53.10^{-2}\ \text{mol.}$$

4/ Quantités :

$n\,(H_2) = n_0(H_2) - 3 \cdot \xi\ =\ 0{,}2500 - 3 \times 2{,}53.10^{-2} = 0{,}1741$ mol.

$n\,(NH_3) = n_0(NH_3) + 2 \cdot \xi\ =\ 2{,}25.10^{-3} + 2 \times 2{,}53.10^{-2} = 5{,}29.10^{-2}$ mol.

Exercice 1.4

	$H_2O(g)$ +	$CH_4(g)$ =	$CO(g)$ +	$3\,H_2(g)$
Etat initial :	$n_0(H_2O)$	$n_0(CH_4)$	$n_0(CO) = 0$	$n_0(H_2) = 0$
Etat final :	$n\,(H_2O)$	$n\,(CH_4)$	$n\,(CO)$	$n\,(H_2)$

$n\,(H_2O) = n_0(H_2O) - \xi$; $n\,(CH_4) = n_0(CH_4) - \xi$; $n\,(CO) = \xi$;
$n\,(H_2) = 3 \cdot \xi$.

Quantité totale de matière :
$n = n\,(H_2O) + n\,(CH_4) + n\,(CO) + n\,(H_2) = n_0(H_2O) + n_0(CH_4) + 2 \cdot \xi$.
Expression de la pression initiale :

$$P_i = [n_0(H_2O) + n_0(CH_4)].\frac{R \cdot T}{V}$$

Expression de la pression finale :

$$P_f = [n_0(H_2O) + n_0(CH_4) + 2 . \xi\ ].\frac{R.T}{V}$$

$$\frac{P_f}{P_i} = \frac{n_0(H_2O) + n_0(CH_4) + 2.\xi}{n_0(H_2O) + n_0(CH_4)}$$

Et donc :

$$\xi = \frac{n_0(H_2O) + n_0(CH_4)}{2} . \frac{P_f - P_i}{P_i}$$

$$\xi = \frac{(12{,}6 / 18{,}0) + (8{,}0 / 16{,}0)}{2} \times \frac{135100 - 101\,325}{101\,325} = 0{,}200 \text{ mol.}$$

Quantité de chaque constituant :
$n\,(H_2) = 3 \cdot \xi = 0{,}600$ mol ; $n\,(CO) = \xi = 0{,}200$ mol
$n\,(H_2O) = n_0(H_2O) - \xi = (12{,}6 / 18{,}0) - 0{,}200 = 0{,}500$ mol
$n\,(CH_4) = n_0(CH_4) - \xi = (8{,}0 / 16{,}0) - 0{,}200 = 0{,}300$ mol

Exercice 1.5

Réaction : $C_{10}H_8(s) + 12\ O_2(g) = 10\ CO_2(g) + 4\ H_2O(l)$

1/ La réaction de combustion a lieu dans une bombe calorimétrique, donc à volume constant. La chaleur mise en jeu par ce processus (dégagée par la combustion) est égale à la variation d'énergie interne du système (contenu de la bombe) : $Q_v = \Delta_c U$.
Quand la combustion s'achève, l'avancement de la réaction (ξ) est égal à la quantité initiale de naphtalène : $\xi = n_0(C_{10}H_8) = 1{,}280 / 128{,}2$ mol.
Energie interne molaire de combustion :

$$\Delta_c U_m = \frac{\Delta_c U}{\xi} = - \frac{51{,}490 \times 128{,}2}{1{,}280} = -5157 \text{ kJ mol}^{-1}.$$

2/ Enthalpie molaire de combustion :

$$\Delta_c H_m = \Delta_c U_m + R \cdot T \cdot \Sigma\, \nu(B, g)$$

$\Sigma\, \nu(B, g) = \nu(O_2) + \nu(CO_2) = -12 + 10 = -2$
$\Delta_c H_m = -5157 - 2 \times 8{,}314.10^{-3} \times 298 = -5162$ kJ mol^{-1}.
– 5,162 10⁶ J.mol⁻¹

3/ La réaction ne faisant intervenir que des phases condensées (naphtalène solide et eau liquide) et des gaz que l'on admettra parfaits, l'enthalpie de la réaction de combustion est indépendante de la pression. On peut donc écrire :

$$\Delta_c H_m° = \Delta_c H_m$$

Appliquons la loi de Hess à cette réaction de combustion :

$$\Delta_c H_m° = 10 \cdot \Delta_f H_m°(CO_2, g) + 4 \cdot \Delta_f H_m°(H_2O, l) - \Delta_f H_m°(C_{10}H_8, s)$$

ou : $\Delta_f H_m°(C_{10}H_8, s) = 10 \cdot \Delta_f H_m°(CO_2, g) + 4 \cdot \Delta_f H_m°(H_2O, l) - \Delta_c H_m°$

$$\Delta_f H_m°(C_{10}H_8, s) = 10 \times (-393{,}51) + 4 \times (-285{,}84) - (-5162)$$

$$\Delta_f H_m°(C_{10}H_8, s) = 84 \text{ kJ mol}^{-1}.$$

On peut constater qu'en dépit de la grande précision des données, l'enthalpie molaire de formation calculée ici, ne peut être donnée qu'avec une précision médiocre (deux chiffres significatifs).

Exercice 1.6

Rappel de la réaction :

$$H_2S(g) + 3/2\, O_2(g) = H_2O(g) + SO_2(g)$$

1/ Application de la loi de Hess à 298 K : $\Delta_r H_m° = \Sigma\, \nu(B) \cdot H_m°(B)$.

$$\Delta_r H_m° = H_m°(H_2O, g) + H_m°(SO_2, g) - H_m°(H_2S, g)$$

Rappel : par convention, l'enthalpie molaire de référence des corps simples, sous leur forme stable, est prise égale à zéro à 298 K. Donc, ici :

$$H_m°(O_2, g) = 0.$$

$$\Delta_r H_m° = -241{,}83 - 296{,}90 + 20{,}15 = -518{,}58 \text{ kJ mol}^{-1}.$$

2/ Appliquons la relation :

$$\Delta_r H_m°(T_2) = \Delta_r H_m°(T_1) + \int_{T_1}^{T_2} \Delta_r C_{p,m}° \cdot dT$$

avec $T_1 = 298$ K, $T_2 = 800$ K.

$$\Delta_r C_{p,m}° = \Sigma \nu(B) \cdot C_{p,m}°(B) = C_{p,m}°(H_2O) + C_{p,m}°(SO_2) - C_{p,m}°(H_2S) - 1{,}5 \cdot C_{p,m}°(O_2)$$

$$\Delta_r C_{p,m}° = (-9{,}04 + 23{,}56.10^{-3} \cdot T - 25{,}53.10^{-6} \cdot T^{\,2}) \text{ J K}^{-1} \text{ mol}^{-1}.$$

$$\int_{298}^{800} \Delta_r C_{p,m}° \cdot dT = -9{,}04 \times (800 - 298) + \frac{23{,}56.10^{-3}}{2} \times (800^2 - 298^2) - \frac{25{,}53.10^{-6}}{3} \times (800^3 - 298^3) = -2177 \text{ J mol}^{-1}$$

Donc : $\Delta_r H_m°(800) = -518{,}58 - 2{,}18 = -520{,}76$ kJ mol^{-1}.

3/ L'énergie interne molaire et l'enthalpie molaire de réaction sont liées par :

$$\Delta_c U_m = \Delta_c H_m - R \cdot T \cdot \Sigma\, \nu(B, g)$$

$$\Sigma\, \nu(B, g) = -1 - 1{,}5 + 1 + 1 = -0{,}5$$

$$\Delta_c U_m = -520{,}76 - 8{,}314.10^{-3} \times 800 \times (-0{,}5) = -517{,}43 \text{ kJ mol}^{-1}.$$

8 Exercices non résolus

Exercice 1.7

Pour effectuer la réaction d'hydrogénation de l'éthylène :

$$C_2H_4(g) + H_2(g) = C_2H_6(g)$$

on mélange dans un réacteur 32,73 g d'éthylène et 3,58 g de dihydrogène.

1/ Y a-t-il un constituant en excès, ou les deux sont-ils dans les proportions stoechiométriques ?

2/ Sachant que la réaction d'hydrogénation de l'éthylène est complète, déterminer, à la fin de cette réaction :

a : l'avancement ξ.

b : la quantité et la fraction molaire de chacun des constituants du système.

3/ Le volume du réacteur est 31,2 dm^3. Calculer la pression totale dans le réacteur et la pression partielle de chaque gaz quand le système, après réaction, est ramené à 20,0 °C.

Masses molaires : 28,05 g mol^{-1} pour l'éthylène et 2,016 g mol^{-1} pour le dihydrogène.

Exercice 1.8

Un récipient de volume *V*, contient initialement un mélange de diazote et de dihydrogène de fraction molaire en diazote $y(N_2) = 0{,}420$. La pression totale de ce mélange initial est égale à $2{,}46.10^5$ Pa. La température du système est notée *T*. Cette température est maintenue constante. La réaction de synthèse de l'ammoniac s'effectue assez lentement. Quand un laps de temps Δt s'est écoulé, la pression partielle de l'ammoniac dans le mélange gazeux est égale à $0{,}213.10^5$ Pa.

1/ Ecrire la réaction de synthèse de l'ammoniac.

2/ Donner l'expression de l'avancement ξ au temps Δt, en fonction de *V*, *T* et de la pression partielle de l'ammoniac au temps Δt.

3/ Calculer la pression totale dans le réacteur au temps Δt.

4/ Calculer la pression partielle et la fraction molaire de chacun des gaz du système au temps Δt.

5/ Quelle serait la pression dans le réacteur si la réaction était complète et achevée au temps Δt ?

Exercice 1.9

L'étude de la déshydrochloration du 2-chloropropane :

$$CH_3\text{-}CHCl\text{-}CH_3(g) = CH_3\text{-}CH{=}CH_2(g) + HCl(g)$$

a fourni la valeur de l'enthalpie molaire de référence de réaction à 298 K :

$$\Delta_r H_m° = 72{,}38 \text{ kJ mol}^{-1}.$$

Par ailleurs, les enthalpies molaires de formation de référence à 298 K, du chlorure d'hydrogène et du propène sont :

$\Delta_f H_m°(HCl, g) = -93{,}312 \text{ kJ mol}^{-1}$,

$\Delta_f H_m°(CH3\text{-}CH{=}CH2, g) = 20{,}414 \text{ kJ mol}^{-1}$.

Calculer l'enthalpie molaire de formation de référence à 298 K de ce chloropropane.

Exercice 1.10

Calculer, pour la réaction de combustion du méthane :

$$CH_4(g) + 2\ O_2(g) \ = \ CO_2(g) + 2\ H_2O(l)$$

1/ L'enthalpie molaire de réaction de référence à 298 K.

2/ L'énergie interne molaire de réaction à 298 K .

3/ La chaleur mise en jeu par la combustion, à 298 K et sous une pression constante égale à la pression de référence ($P° = 10^5$ Pa), de 1,00 m^3 de méthane (volume mesuré sous les mêmes conditions de pression et de température que la réaction).

Données : Enthalpies molaires de référence à 298 K :
$H_m°(CH_4, g) = -74{,}85 \text{ kJ mol}^{-1}$, $H_m°(CO_2, g) = -393{,}51 \text{ kJ mol}^{-1}$ et $H_m°(H_2O, l) = -285{,}84 \text{ kJ mol}^{-1}$.

Exercice 1.11

La combustion dans une bombe calorimétrique (volume constant) d'une pastille de 3,762 g d'acide benzoïque ($C_6H_5CO_2H$) dans un grand excès d'oxygène dégage 99,44 kJ à 298,15 K.

1/ Ecrire l'équation de la réaction de combustion.

2/ Sachant que la réaction est complète, calculer son avancement quand la combustion est achevée.

3/ Calculer la valeur de l'énergie interne molaire de combustion $\Delta_c U_m$ de l'acide benzoïque à 298,15 K.

4/ Calculer la valeur de l'enthalpie molaire de combustion $\Delta_c H_m$ de l'acide benzoïque à 298,15 K.

5/ Calculer la valeur de l'enthalpie molaire de formation $\Delta_f H_m$ de l'acide benzoïque à 298,15 K.

Données :

Masse molaire de l'acide benzoïque : 122,12 g mol^{-1}.

Enthalpies molaires de formation à 298,15 K :

$\Delta_f H_m°(CO_2, g) = -393{,}51 \text{ kJ mol}^{-1}$ et $\Delta_f H_m°(H_2O,l) = -285{,}84 \text{ kJ mol}^{-1}$.

Exercice 1.12

Calculer la variation d'énergie interne et d'enthalpie mise en jeu par la vaporisation d'une mole d'eau ($\Delta_{vap}U_m$ et $\Delta_{vap}H_m$) :

1/ à 298 K.

2/ à 363 K

Données :

Enthalpies molaires de référence à 298 K :

$H_m°(H_2O, l, 298\ K) = -285,84\ kJ\ mol^{-1}$

$H_m°(H_2O, g, 298\ K) = -241,83\ kJ\ mol^{-1}$

Capacités calorifiques molaires, à pression constante :

$C_{p,m}(H_2O, l) = 75,4\ J\ K^{-1}\ mol^{-1}$

$C_{p,m}(H_2O, g) = 33,9\ J\ K^{-1}\ mol^{-1}$

Remarque : cet exercice se rapporte à une transformation physique et non pas chimique, mais il se traite exactement de la même façon.

9 Résultats numériques des exercices non résolus

Exercice 1.7 **1/** H_2 est en excès. **2/ a** :ξ = 1,088 mol. **b** : $n\ (C_2H_4) = 0$; $n\ (H_2) = 0,69$ mol ; $n\ (C_2H_6) = 1,088$ mol ; $x\ (C_2H_4) = 0$; $x\ (H_2) = 0,39$; $x\ (C_2H_6) = 0,611$. **3/** $P = 1,39.10^5$ Pa ; $P\ (H_2) = 5,4.10^4$ Pa ; $P\ (C_2H_6) = 8,49.10^4$ Pa.

Exercice 1.8 **1/** $N_2 + 3\ H_2 = 2\ NH_3$. **2/** $\xi = P\ (NH_3)\cdot V\ / 2\cdot R\cdot T$. **3/** $P = 2,25.10^5$ Pa. **4/** $P\ (N_2) = 9,27.10^4$ Pa ; $P\ (H_2) = 1,11.10^5$ Pa ; $x\ (N_2) = 0,412$; $x\ (H_2) = 0,493$; $x\ (NH_3) = 0,095$. **5/** $P = 1,51.10^5$ Pa.

Exercice 1.9 $\Delta_f H_m° = -145,28\ kJ\ mol^{-1}$.

Exercice 1.10 **1/** $\Delta_r H_m° = -890,34\ kJ\ mol^{-1}$. **2/** $\Delta_r U_m = -885,38\ kJ\ mol^{-1}$. $Q = -3,592.10^4$ kJ.

Exercice 1.11 **1/** $C_6H_5CO_2H(s) + 7,5\ O_2(g) = 7\ CO_2(g) + 3\ H_2O(l)$. **2/** $\xi = 3,081.10^{-2}$ mol. **3/** $\Delta_c U_m = -3228\ kJ\ mol^{-1}$. **4/** $\Delta_c H_m = -3229\ kJ\ mol^{-1}$. **5/** $\Delta_f H_m = -383\ kJ\ mol^{-1}$.

Exercice 1.12 **1/** $\Delta_{vap}H_m°(298) = 44,01\ kJ\ mol^{-1}$; $\Delta_{vap}U_m(298) = 41,53\ kJ\ mol^{-1}$.
2/ $\Delta_{vap}H_m°(363) = 41,31\ kJ\ mol^{-1}$; $\Delta_{vap}U_m(363) = 38,29\ kJ\ mol^{-1}$.

2. *Evolution spontanée d'un système*
Application à la chimie

1 Présentation du problème

Nous pouvons, comme nous l'avons vu au cours du premier chapitre, prévoir l'échange de chaleur de tout système chimique avec l'extérieur, à pression constante ou à volume constant, et ceci à toute température. Pour être à même d'effectuer ce calcul, il suffit de savoir écrire l'équation de la réaction et de connaître les coefficients stœchiométriques. En pratique, ce calcul est toujours réalisable, même si la réaction chimique envisagée ne peut pas, elle, se produire !

La loi de Hess nous permet, sans difficulté, de calculer la chaleur dégagée par la combustion du méthane (réaction qui se produit effectivement et que l'on est très fréquemment à même d'observer) :

$$CH_4(g) + 2\,O_2(g) = CO_2(g) + 2\,H_2O(l)$$
$$\Delta_r H_m° = H_m°(CO_2, g) + 2 \cdot H_m°(H_2O, l) - H_m°(CH_4, g).$$

Mais cette même loi de Hess nous permet, tout aussi facilement, de calculer la chaleur mise en jeu par le processus inverse :

$$CO_2(g) + 2\,H_2O(l) = CH_4(g) + 2\,O_2(g)$$
$$\Delta_r H_m° = H_m°(CH_4, g) - H_m°(CO_2, g) - 2 \cdot H_m°(H_2O, l)$$

Or, cette réaction ne se produit pas (quelle serait notre surprise si, en ouvrant une bouteille d'eau gazeuse, nous découvrions un mélange de méthane et de dioxygène !).

Etant donné qu'il est de peu d'intérêt de savoir calculer la thermicité d'une réaction qui ne peut pas se produire, il serait souhaitable de pouvoir **prévoir** si une réaction envisagée peut ou non se réaliser.

La thermodynamique va, là encore, nous aider et, cette fois, grâce à son **deuxième principe**.

2 Le deuxième principe de la thermodynamique

2.1 Irréversibilité des processus spontanés

Tout processus est dû à l'existence d'un **déséquilibre**, comme deux exemples simples vont nous permettre de le constater :

Exemple 1 : si on pose une bille sur le sol, deux cas sont à envisager :

- soit le sol est horizontal et la bille se trouve en équilibre (la force de pesanteur est équilibrée par la réaction du sol), d'où l'absence de processus ;

- soit la présence d'une pente crée un déséquilibre pour la bille, qui roule dans le sens de la descente.

Exemple 2 : si on place un petit morceau de glace dans un verre d'eau initialement à température ambiante, il y a déséquilibre thermique. Le système évolue toujours dans le même sens : réchauffement et fusion de la glace et refroidissement de l'eau.

On peut donc dire que :

Les processus spontanés sont dus à des déséquilibres : ils sont irréversibles.

2.2 Nécessité de prévoir le sens de l'évolution d'un système

Dans les exemples précédents, le sens de l'évolution nous apparaît de façon évidente par expérience personnelle. Il n'en est pas de même de tous les processus et, en particulier, des processus chimiques. Par exemple, si nous enfermons dans un récipient du carbone, du monoxyde de carbone et du dioxyde de carbone, trois réponses peuvent être envisagées, mais laquelle correspond à la réalité ?

- Il ne se passe rien.
- Il se produit la réaction $CO_2(g) + C(s) \longrightarrow 2\,CO(g)$
- Il se produit la réaction $2\,CO(g) \longrightarrow CO_2(g) + C(s)$

Nous ne pouvons *a priori* pas répondre, et c'est pourtant ce type de prévision que le chimiste souhaite pouvoir faire.

Revenons à l'exemple de la bille. Dire qu'elle roule toujours dans le sens de la pente peut être traduit en termes plus scientifiques : on peut dire qu'elle se déplace toujours dans le sens d'une diminution de son énergie potentielle E_p, c'est-à-dire dans le sens pour lequel $\Delta E_p < 0$. Ce résultat constitue un critère simple, basé sur la variation d'une fonction d'état.

Ce sont des critères simples, de ce type, que nous allons rechercher pour prévoir le sens d'évolution d'un système chimique. Pour cela, nous allons être amenés à créer de nouvelles fonctions d'état.

2.3 Deuxième principe de la thermodynamique

Revenons au deuxième exemple examiné. Tout ce que l'on peut dire à notre niveau actuel de connaissance, c'est que, dans le système eau-glace, l'eau, qui constitue, le "corps chaud", perd de la chaleur et voit sa température baisser, tandis que la glace, qui constitue le "corps froid", absorbe de la chaleur pour se réchauffer et fondre.

Nous tombons, là, sur une constatation maintes fois faite : lors d'un échange spontané de chaleur, cette dernière passe toujours du corps chaud vers le corps froid[1].

Nous allons poursuivre notre réflexion à partir de cette observation.

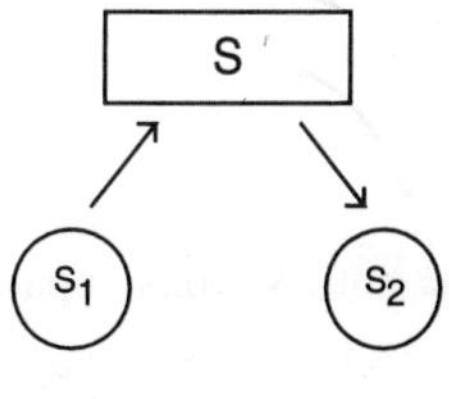

Figure 2.1

Considérons un système S qui, dans un premier temps, **prend** de la chaleur à une source de chaleur $s_1(Q_1 = Q > 0)$, à la température T_1 (par exemple, le système S est un corps immergé dans un thermostat à la température T_1), puis **cède**, dans un second temps, cette même quantité de chaleur à une source s_2 à la température T_2 $(Q_2 = -Q)$.

D'après ce que nous venons de voir quant au sens de transfert de la chaleur, le processus global fait passer la chaleur Q de la source s_1 à la source s_2, de façon spontanée. Il faut, donc, que la source s_1 soit plus chaude que la source s_2 : $T_1 > T_2$.

Le système a rendu la totalité de la chaleur reçue : il se trouve dans un état final identique à son état initial. Il a donc accompli un cycle pour lequel on peut écrire :

$$\frac{Q_1}{T_1} + \frac{Q_2}{T_2} = Q \cdot \left(\frac{1}{T_1} - \frac{1}{T_2}\right) < 0$$

[1] Il s'agit là uniquement d'un échange spontané. On sait inverser ce processus, moyennant une dépense d'énergie. C'est ce qui se produit avec un réfrigérateur ou une pompe à chaleur. On sait qu'il suffit de débrancher l'appareil pour que le processus spontané se manifeste.

Nous avons, ici, transformé une observation expérimentale (sens d'un transfert de chaleur) en une inégalité mathématique.

Nous allons généraliser en présentant le second principe sous la forme mathématique suivante :

Sur un cycle (C) : $$\int_{(C)} \frac{\delta Q}{T} \leq 0$$

Le signe ≤ indique que :

- Pour un processus irréversible : $$\int_{(C)} \frac{\delta Q_{irr}}{T} < 0$$

- Pour un processus réversible : $$\int_{(C)} \frac{\delta Q_{rev}}{T} = 0$$

2.4 Fonction entropie

Ecrire que $\int_{(C)} \frac{\delta Q_{rev}}{T} = 0$ revient à dire que nous voyons apparaître une fonction dont la variation s'annule sur un cycle : c'est donc une fonction d'état. En effet, puisqu'une fonction d'état ne dépend que de l'état initial et de l'état final, sa variation devient nulle si ces deux états sont identiques.

Cette fonction d'état est appelée **entropie** et notée S. Elle est définie par l'expression :

$$\mathrm{d}S = \frac{\delta Q_{rev}}{T}$$

On démontre que, pour un processus irréversible :

$$\mathrm{d}S > \frac{\delta Q_{irr}}{T}$$

Ces deux relations peuvent être regroupées sous la formulation :

$$\mathrm{d}S \geq \frac{\delta Q}{T}$$

Cette inégalité sert de base à l'établissement des critères d'évolution spontanée que nous cherchons.

2.5 Critères d'évolution spontanée

On peut envisager différents critères selon les conditions imposées au système étudié. Nous nous limiterons à deux d'entre eux :

- le cas d'un système thermiquement isolé,
- le cas d'un système pour lequel la pression et la température sont les mêmes dans l'état final que dans l'état initial.

2.5.1 Système thermiquement isolé

Un système thermiquement isolé n'échange pas de chaleur avec l'extérieur : $\delta Q = 0$. L'inégalité précédente montre que, dans ce cas :

$$dS \geq 0$$

L'entropie d'un système thermiquement isolé ne peut que croître.

Dans l'exemple de l'évolution d'un système constitué par de la glace et de l'eau (exemple examiné précédemment), nous pouvons dire que si nous isolons le verre de l'extérieur, afin d'éviter toute fuite thermique, l'évolution constatée (réchauffement et fusion de la glace et refroidissement de l'eau) est provoquée par un accroissement d'entropie du système.

Rappelons que l'énergie d'un système qui n'échange ni travail ni chaleur avec l'extérieur demeure constante : $\Delta U = W + Q = 0$ (principe de conservation de l'énergie). Par contre, l'entropie de ce système croît si le système est soumis à un processus irréversible : on dit que **l'irréversibilité provoque la création d'entropie**.

2.5.2 Système à pression et température constantes

Ecrivons l'inégalité fondamentale vue précédemment, sous la forme :

$$T \cdot dS \geq \delta Q$$

A pression constante : $\delta Q_P = dH$

Donc : $T \cdot dS \geq dH$ ou : $dH - T \cdot dS \leq 0$

$d(T \cdot S) = T \cdot dS + S \cdot dT$ et à température constante ($dT = 0$) :

$$d(T \cdot S) = T\,dS.$$

$$dH - d(T \cdot S) \leq 0$$

$$d(H - T \cdot S) \leq 0$$

$H - T{\cdot}S$ est une combinaison de fonctions d'état. C'est, donc, une fonction d'état appelée **enthalpie libre** et notée G :

$$\boldsymbol{G = H - T{\cdot}S}$$

Le critère d'évolution **à pression et température constantes** est par conséquent :

$$\mathrm{d}G \leq 0$$

L'enthalpie libre d'un système à pression et température constantes ne peut que décroître.

Tout cela peut, *a priori*, paraître très abstrait et la façon d'utiliser ces critères peut sembler peu évidente. En fait, il suffit de pouvoir connaître les valeurs de ces nouvelles fonctions S et G pour tout corps, comme nous pouvons connaître celles de P, V, U, H, etc., par mesure ou par calcul.

3 Critère d'évolution pour un système chimique

Nous nous limiterons au cas d'un système chimique maintenu à pression et température constantes (ou, tout au moins, dont la pression et la température ont mêmes valeurs dans l'état initial et l'état final). C'est donc le critère $\mathrm{d}G \leq 0$ qui va être utilisé.

Considérons le système chimique constitué par les corps A, C, L et R susceptibles de réagir selon le schéma réactionnel :

$$\mathrm{aA + cC = lL + rR}$$

Parmi les deux possibilités de réaction, envisageons celle qui s'effectuerait de gauche à droite ($\mathrm{aA + cC \longrightarrow lL + rR}$), et considérons un avancement infinitésimal $\mathrm{d}\xi$: il disparaît un peu de A et de C (dn(A) et dn(C) sont négatifs) et il apparaît un peu de L et de R (dn(L) et dn(R) sont positifs).

La fonction enthalpie libre du système (G) varie de $\mathrm{d}G$ tel que :

$$\mathrm{d}G = G_\mathrm{m}(\mathrm{A}){\cdot}\mathrm{dn(A)} + G_\mathrm{m}(\mathrm{C}){\cdot}\mathrm{dn(C)} + G_\mathrm{m}(\mathrm{L}){\cdot}\mathrm{dn(L)} + G_\mathrm{m}(\mathrm{R}){\cdot}\mathrm{dn(R)}$$

Dans cette expression, $G_\mathrm{m}(\mathrm{A})$, $G_\mathrm{m}(\mathrm{C})$, $G_\mathrm{m}(\mathrm{L})$ et $G_\mathrm{m}(\mathrm{R})$ représentent les enthalpies libres molaires des corps A, C, L et R. Par ailleurs, les variations des quantités de réactifs et de produits ne sont pas indépendantes : elles sont liées à la variation de l'avancement $\mathrm{d}\xi$. En effet :

$$\frac{n\,(\mathrm{L}) - n_0(\mathrm{L})}{\mathrm{l}} = \frac{n\,(\mathrm{R}) - n_0(\mathrm{R})}{\mathrm{r}} = \frac{n\,(\mathrm{A}) - n_0(\mathrm{A})}{-\mathrm{a}} = \frac{n\,(\mathrm{C}) - n_0(\mathrm{C})}{-\mathrm{c}} = \xi$$

d'où : $dn\,(L) = l \cdot d\xi$; $dn\,(R) = r \cdot d\xi$; $dn\,(A) = -\,a \cdot d\xi$; $dn\,(C) = -\,c \cdot d\xi$.

Portons ces résultats dans l'expression de dG :

$$dG = [-\,a \cdot G_m(A) - c \cdot G_m(C) + l \cdot G_m(L) + r \cdot G_m(R)] \cdot d\xi$$

ou, de façon très générale : $dG = [\Sigma\, \nu(B) \cdot G_m(B)] \cdot d\xi$

De même que nous avons écrit $\Sigma\, \nu\,(B) \cdot H_m(B) = \Delta_r H_m$ (enthalpie molaire de réaction), nous posons :

$$\Sigma\, \nu(B) \cdot G_m(B) = \Delta_r G_m$$

(enthalpie libre molaire de réaction).

Donc :

$$\mathbf{dG = \Delta_r G_m \cdot d\xi}$$

A pression et température constantes, la réaction pourra se faire de gauche à droite (sens pour lequel $d\xi > 0$) si $dG < 0$. Ceci est vérifié si :

$$\mathbf{\Delta_r G_m < 0.}$$

Lorsque nous saurons calculer l'enthalpie libre molaire de tout corps, à toute température et toute pression, il nous suffira d'**envisager** un sens d'évolution du système (par exemple, le sens $aA + cC \longrightarrow lL + rR$), de calculer $\Delta_r G_m$, par la relation $\Delta_r G_m = \Sigma\, \nu(B) \cdot G_m(B)$, pour ce sens d'évolution. Le signe observé pour la valeur de $\Delta_r G_m$ nous permettra de savoir si le sens de réaction envisagé est possible ou non :

- le sens envisagé est **possible** si $\Delta_r G_m < 0$
- le sens envisagé est **impossible** si $\Delta_r G_m > 0$

Il nous faut donc, maintenant, apprendre à calculer l'enthalpie libre molaire de tout corps : $G_m(B)$.

4 Détermination de l'enthalpie libre molaire d'un corps pur

Le but est de connaître $G_m(B)$ pour tout corps B, à toute température T et toute pression P.

Partons de l'expression de la fonction G :

$$G = H - T \cdot S$$

Les variations des différentes fonctions mises en jeu dans cette expression sont liées entre elles par :

$$dG = dH - T\cdot dS - S\cdot dT$$

$$H = U + P\cdot V \quad \text{et} \quad dH = dU + P\cdot dV + V\cdot dP$$

Donc : $dG = dU + P\cdot dV + V\cdot dP - T\cdot dS - S\cdot dT$

Développons dU dans le cas de la réversibilité[1] :

$$dU = \delta W_{rev} + \delta Q_{rev} = -P\cdot dV + T\cdot dS$$

En portant ce dernier résultat dans l'expression de dG, on aboutit à :

$$dG = V\cdot dP - S\cdot dT$$

Cette expression est la différentielle de la fonction G. Sans entrer dans les détails mathématiques, il suffit de savoir qu'elle nous fournit la variation de la fonction enthalpie libre avec la pression et la température :

$$\left(\frac{\partial G}{\partial P}\right)_T = V \qquad \text{et} \qquad \left(\frac{\partial G}{\partial T}\right)_P = -S$$

Nous ne nous intéresserons qu'à la première, qui est d'un emploi simple. Elle nous permet en outre d'accéder facilement à la connaissance de l'influence de la pression sur l'entropie d'un gaz parfait :

$$S = \frac{H - G}{T} \quad \text{donc : } \left(\frac{\partial S}{\partial P}\right)_T = \frac{1}{T}\cdot\left(\frac{\partial H}{\partial P}\right)_T - \frac{1}{T}\cdot\left(\frac{\partial G}{\partial P}\right)_T$$

Pour un gaz parfait, l'enthalpie est indépendante de la pression :

$$\left(\frac{\partial H}{\partial P}\right)_T = 0$$

ce qui permet de poser :

$$\left(\frac{\partial S}{\partial P}\right)_T = -\frac{1}{T}\cdot\left(\frac{\partial G}{\partial P}\right)_T = -\frac{V}{T}$$

et donc :

$$\left(\frac{\partial S}{\partial P}\right)_T = -\frac{n\cdot R}{P}$$

---

[1] Nous pouvons admettre des conditions de réversibilité dans l'expression de dU, car U est une fonction d'état : lors de l'intégration, seules influeront sur le résultat les bornes d'intégration et non pas le "chemin" d'intégration.

4.1 Expression de l'enthalpie libre molaire d'un corps pur B, en fonction de la pression

La dérivée partielle de G par rapport à T s'écrit, dans le cas d'une mole de B :

$$\left(\frac{\partial G_m(B)}{\partial P}\right)_T = V_m(B)$$

4.1.1 Cas où B est un gaz parfait

Le volume molaire de B s'exprime simplement en fonction de la pression et de la température :

$$V_m(B) = \frac{R.T}{P} \quad \text{et donc : } \left(\frac{\partial G_m(B)}{\partial P}\right)_T = \frac{R.T}{P}$$

Intégrons entre la pression de référence (P °) et la pression P :

$$\int_{G_m°(B)}^{G_m(B)} dG_{12}(B) = R \cdot T \int_{P°}^{P} \frac{dP}{P}$$

Donc, si B est un gaz parfait, son enthalpie libre molaire à toute pression P est donnée par :

$$\boldsymbol{G_m(B, g) = G_m°(B, g) + R \cdot T \cdot \ln(P/P°)}$$

G_m°(B, g) est appelé **enthalpie libre molaire, de référence** (ou standard) de B.

4.1.2 Cas où B est un liquide ou un solide

Dans ce cas, le volume molaire de B est très petit. Il en résulte que :

$$\left(\frac{\partial G_m(B)}{\partial P}\right)_T = \text{valeur très petite}$$

Il en résulte que, tout comme l'énergie interne et l'enthalpie, l'enthalpie libre d'un solide ou d'un liquide varie très peu avec la pression. Dans ce qui suit, nous négligerons toujours l'influence de la pression sur l'enthalpie libre d'un liquide ou d'un solide :

$$G_m(B, l \text{ ou } s) \ \# \ G_m°(B, l \text{ ou } s)$$

4.2 Détermination de $G_m°(B)$ à toute température

$$G_m°(B) = H_m°(B) - T \cdot S_m°(B)$$

Nous savons déjà calculer $H_m°(B)$ à toute température, à partir de valeurs tabulées à 298 K. Nous allons voir que l'on procède de façon tout à fait équivalente avec l'entropie.

Rappelons la définition de l'entropie :

$$dS = \frac{\delta Q_{rev}}{T}$$

A pression constante : $\delta Q = dH$. Or, nous avons vu que la variation d'enthalpie liée à une variation de température est : $dH = C_p \cdot dT$. D'où :

$$dS = \frac{C_p \cdot dT}{T}$$

En conséquence, la variation de l'entropie molaire d'un corps B avec la température, à pression constante, est donnée par la dérivée partielle suivante :

$$\left(\frac{\partial S_m(B)}{\partial T}\right)_p = \frac{C_{p,m}(B)}{T}$$

et, en particulier, pour la pression de référence :

$$\frac{dS_m°(B)}{dT} = \frac{C_{p,m}°(B)}{T}$$

Si l'entropie molaire de référence d'un corps est connue à une température T_1, on obtient sa valeur à toute température T, par intégration :

$$S_m°(B, T) = S_m°(B, T_1) + \int_{T_1}^{T} \frac{C_{p,m}°(B) \cdot dT}{T}$$

A partir du théorème de Nernst (appelé aussi troisième principe de la thermodynamique) qui stipule que l'entropie de tout corps est nulle à la température $T = 0$ K, les entropies molaires de référence de tous les corps sont calculées à 298,15 K et tabulées.

Nous disposons alors de tables donnant $H_m°(B)$ et $S_m°(B)$ à 298,15 K, ainsi que des expressions de $c_{P,m}°(B)$ sur de vastes domaines de température. A partir de ces données, nous savons maintenant calculer $H_m°(B)$ et $S_m°(B)$ à toute température. Nous pouvons donc accéder à la connaissance de $G_m°(B)$ à toute température :

$$G_m°(B) = H_m°(B) - T \cdot S_m°(B)$$

Nous savons, par ailleurs, calculer les variations d'enthalpie libre engendrées par des modifications de la pression : nous pouvons donc déterminer G_m(B) à toute pression et toute température.

5 Utilisation des tables pour la détermination de $\Delta_r G_m°$ à 298,15 K

A partir des résultats précédents, il est aisé de connaître $\Delta_r G_m°$:

$$\Delta_r G_m° = \sum \nu(B) \cdot G_m°(B)$$

Il est cependant souvent plus simple de ne pas calculer l'enthalpie libre molaire de référence de chaque constituant, mais de développer le calcul de la façon suivante :

$$\Delta_r G_m°(298,15) = \sum \nu(B) \cdot G_m°(B, 298,15)$$

$$\Delta_r G_m°(298,15) = \sum \nu(B) \cdot H_m°(B, 298,15) - 298,15 \cdot (\sum \nu(B) \cdot S_m°(B, 298,15))$$

$$\Delta_r G_m°(298,15) = \Delta_r H_m°(298,15) - 298,15 \cdot \Delta_r S_m°(298,15)$$

On calcule donc à l'aide des tables :

$$\Delta_r H_m°(298,15) = \sum \nu(B) \cdot H_m°(B, 298,15)$$

$$\text{et } \Delta_r S_m°(298,15) = \sum \nu(B) \cdot S_m°(B, 298,15)$$

6 Influence de la température sur $\Delta_r G_m°$

6.1 Méthode générale

$$\Delta_r G_m°(T) = \sum \nu(B) \cdot G_m°(B, T)$$

De même que la relation $(\frac{\partial H}{\partial T})_p = C_p$ nous a permis, au chapitre précédent, d'aboutir à la relation :

$$\Delta_r H_m°(T) = \Delta_r H_m°(298,15) + \int_{298,15}^{T} \Delta_r C_{p,m}° \cdot dT$$

la relation $(\frac{\partial S}{\partial T})_P = \frac{C_p}{T}$ permet par un raisonnement tout à fait semblable d'accéder à la valeur de $\Delta_r S_m°$ à toute température : $\Delta_r S_m°(T)$.

$$\Delta_r S_m°(T) = \Delta_r S_m°(298{,}15) + \int_{298{,}15}^{T} \frac{\Delta_r C_{p,m}°.\mathrm{d}T}{T}$$

On parvient donc, aisément à déterminer $\Delta_r G_m°$ à toute température T, si on connaît les capacités calorifiques molaires, à pression constante, de tous les constituants du système.

6.2 Equation de Gibbs-Helmholtz

Partons de l'expression de la fonction enthalpie libre $G = H - T{\cdot}S$ que l'on peut écrire sous la forme :

$$\frac{G}{T} = \frac{H}{T} - S$$

Dérivons cette expression par rapport à T :

$$\left(\frac{\partial(G/T)}{\partial T}\right)_p = \left(\frac{\partial(H/T)}{\partial T}\right)_p - \left(\frac{\partial(S)}{\partial T}\right)_p = \frac{1}{T}.\left(\frac{\partial(H)}{\partial T}\right)_p - \frac{H}{T^2} - \left(\frac{\partial(S)}{\partial T}\right)_p$$

$$\left(\frac{\partial(G/T)}{\partial T}\right)_p = \frac{c_p}{T} - \frac{H}{T^2} - \frac{C_p}{T} = -\frac{H}{T^2}$$

Appliquons ce résultat à l'enthalpie libre molaire, de référence, de réaction ($\Delta_r G_m°$) :

$$\frac{\mathbf{d(\Delta_r G_m°/ T)}}{\mathbf{d}T} = -\frac{\Delta_r H_m°}{T^2}$$

Il s'agit de l'équation de **Gibbs-Helmholtz**. Cette équation est d'un emploi très aisé quand $\Delta_r H_m°$ varie très peu avec la température (ce qui est fréquemment le cas pour des domaines de température n'excédant pas quelques centaines de kelvins). En effet, on effectue alors l'intégration entre deux températures T_1 et T_2 en considérant $\Delta_r H_m°$ comme une constante et le résultat simple est donc :

$$\frac{\Delta_r G_m°(T_2)}{T_2} - \frac{\Delta_r G_m°(T_1)}{T_1} = \Delta_r H_m°.\left(\frac{1}{T_2} - \frac{1}{T_1}\right)$$

7 Expression de $\Delta_r G_m$

Nous savons, maintenant, calculer $\Delta_r G_m°$ pour tout système, à toute température, et il ne nous reste plus qu'à savoir calculer $\Delta_r G_m$, dont il nous faut pouvoir déterminer s'il est positif ou négatif, afin de prévoir la possibilité ou l'impossibilité de réalisation de la réaction envisagée. Nous allons examiner plusieurs cas.

7.1 Système gazeux homogène

Soit la réaction aA(g) + cC(g) = lL(g) + rR(g)

$$\Delta_r G_m = \Sigma\, \nu(B)\cdot G_m(B) = \Sigma\, \nu(B)\cdot[G_m°(B) + R\cdot T\cdot \ln(P\,(B)/P\,°)]$$

Cette équation se développe de la façon suivante pour le schéma réactionnel envisagé ici :

$$\Delta_r G_m = l\cdot G_m°(L) + r\cdot G_m°(R) - a\cdot G_m°(A) - c\cdot G_m°(C)$$
$$+ R\cdot T\cdot[l\cdot\ln(P\,(L)/P\,°) + r\cdot\ln(P\,(R)/P\,°) - a\cdot\ln(P\,(A)/P\,°) - c\cdot\ln(P\,(C)/P\,°)]$$

$$\Delta_r G_m = \Delta_r G_m° + R.T\,.\ln\left[\frac{P\,(L)^l.P\,(M)^m}{P\,(A)^a.P\,(C)^c}.(P\,°^{(a+c-l-m)}\right]$$

Cette relation peut être généralisée sous la forme :

$$\Delta_r G_m = \Delta_r G_m° + R.T.\ln \prod\left[\frac{P\,(B)}{P\,°}\right]^{\nu(B)}$$

Le symbole $\prod$ correspond au produit des termes qui le suivent.

> Pour connaître le signe de $\Delta_r G_m$, et donc la possibilité de réaction dans le sens envisagé, il faut :
>
> **- Déterminer $\Delta_r G_m°$ à la température à laquelle est envisagée la réaction, à l'aide des données des tables.**
>
> **- Connaître les pressions partielles de tous les gaz du système chimique.**

A titre d'exemple, pour la réaction

$$N_2(g) + 3H_2(g) = 2\,NH_3(g)$$

$$\Delta_r G_m = \Delta_r G_m{}^\circ + R \cdot T \cdot \ln\left[\frac{[P\,(NH_3)/P\,^\circ]^2}{[P\,(N_2)/P\,^\circ]\cdot[P\,(H_2)/P\,^\circ]^3}\right]$$

ou :

$$\Delta_r G_m = \Delta_r G_m{}^\circ + R \cdot T \cdot \ln\left[\frac{P\,(NH_3)^2 . P\,^{\circ 2}}{P\,(N_2) . P\,(H_2)^3}\right]$$

Si on réalise un mélange des trois gaz (diazote, dihydrogène et ammoniac), le signe de $\Delta_r G_m$ dépend de la valeur de $\Delta_r G_m{}^\circ$ et des pressions partielles des trois gaz. Trois cas peuvent se produire :

- Les valeurs des pressions partielles des gaz amènent $\Delta_r G_m$ à être négatif : la réaction de synthèse de l'ammoniac peut s'effectuer.

- Les valeurs des pressions partielles des gaz amènent $\Delta_r G_m$ à être positif : la réaction est impossible, mais la réaction inverse (dissociation de l'ammoniac)

$$2\,NH_3(g) = N_2(g) + 3H_2(g)$$

aurait un $\Delta_r G_m$ négatif et serait, donc, possible.

- Les valeurs des pressions partielles des gaz amènent $\Delta_r G_m$ à être égal à zéro : la réaction ne peut s'effectuer ni dans un sens ni dans l'autre : on est à **l'équilibre chimique**.

7.2 Système en solution

L'examen rigoureux de l'évolution d'un système chimique en solution nécessiterait une étude préalable des lois des solutions (étude qui n'est pas réalisée ici). Nous nous limiterons donc à fournir les résultats nécessaires en ce qui concerne l'expression de l'enthalpie libre molaire d'un corps en solution. On aboutit à des formulations très voisines de celle relative à un gaz parfait : la pression est remplacée par un terme qui est fonction de la quantité relative du constituant considéré. Ce terme peut être la **fraction molaire** ou la **concentration**.

7.2.1 Utilisation de la fraction molaire

L'enthalpie libre molaire d'un corps B ayant un comportement idéal ou infiniment dilué[1] s'exprime par : $G_m(B) = G_m{}^\circ(B) + R{\cdot}T{\cdot}\ln x\,(B)$.

---

[1] De même qu'il existe un modèle de gaz parfaits, il existe un modèle de solutions pour lequel chaque constituant a un comportement qualifié soit d'idéal, soit d'infiniment dilué. Quand une solution n'obéit pas à ce modèle (cas que nous n'examinerons pas ici), la fraction molaire est remplacée par une grandeur appelée **activité**.

x (B) est la **fraction molaire** de B. Elle est égale au rapport de la quantité de B sur la somme des quantités de tous les constituants de la solution :

$$x\,(\mathrm{B}) = \frac{\mathrm{n(B)}}{\sum \mathrm{n(B)}}$$

On voit que l'enthalpie libre molaire $G_m(\mathrm{B})$ devient égale à $G_m{}^\circ(\mathrm{B})$ (enthalpie libre molaire de référence de B) pour x (B) = 1, c'est-à-dire quand B est pur. On dit, dans ce cas, que l'état de référence est l'**état pur**.

Soient les corps A, D, L et R en solution. Envisageons l'éventualité de réaction :

$$\mathrm{aA(sln) + dD(sln) = lL(sln) + rR(sln)}$$

La relation $\Delta_r G_m = \sum \nu(\mathrm{B}) \cdot G_m(\mathrm{B})$ conduit à :

$$\Delta_r G_m = \Delta_r G_m{}^\circ + R \cdot T \cdot \ln \frac{x\,(\mathrm{L})^{\mathrm{l}} . x\,(\mathrm{R})^{\mathrm{r}}}{x\,(\mathrm{A})^{\mathrm{a}} . x\,(\mathrm{D})^{\mathrm{d}}}$$

ce qui peut s'écrire de façon tout à fait générale :

$$\Delta_r G_m = \Delta_r G_m{}^\circ + R \cdot T \cdot \ln \prod\, [x\,(\mathrm{B})]^{\nu(\mathrm{B})}$$

7.2.2. Utilisation de la concentration

On utilise la concentration dans le cas de solutés très dilués dans un solvant (ce dernier peut intervenir, ou ne pas intervenir dans la réaction chimique envisagée).

Dans ce cas, l'enthalpie libre molaire d'un corps B s'exprime par :

$$G_m(\mathrm{B}) = G_m{}^\circ(\mathrm{B}) + R \cdot T \cdot \ln \frac{c\,(\mathrm{B})}{c\,^\circ}$$

c (B) est la concentration de B dans la solution (exprimée en mol dm^{-3}) et $c\,^\circ$ est appelée **concentration de référence** ($c\,^\circ$ = 1 mol dm^{-3}).

On voit que $G_m(B)$ devient égale à $G_m°(B)$ (enthalpie libre molaire de référence de B) pour $c\ (B) = c° = 1$ mol dm^{-3}. On dit dans ce cas que l'état de référence est l'état correspondant à une mole par litre de solution[1].

L'utilisation de relations de ce type[2] dans l'expression du $\Delta_r G_m$ de la réaction :

$$aA(sln) + dD(sln) = lL(sln) + rR(sln)$$

conduit à :

$$\Delta_r G_m = \Delta_r G_m° + R \cdot T \cdot \ln \frac{[c\ (L)/c°]^l . [c\ (R)/c°]^r}{[c\ (A)/c°]^a . [c\ (D)/c°]^d}$$

ou, de façon tout à fait générale :

$$\Delta_r G_m = \Delta_r G_m° + R \cdot T \cdot \ln \prod \left[\frac{c\ (B)}{c°}\right]^{\nu(B)}$$

7.3 Systèmes hétérogènes

Lors d'un processus chimique, les différents constituants du système ne sont pas toujours tous dans le même état physique. Le mélange réactionnel peut, par exemple, comporter des corps solides et d'autres gazeux, ou bien un corps solide peut précipiter au sein d'une solution, etc. Nous allons traiter le cas d'un système hétérogène gaz-solide, puis nous généraliserons.

Envisageons la réaction suivante :

$$CO_2(g) + C(s) = 2\ CO(g)$$

$$\Delta_r G_m = 2\ G_m(CO, g) - G_m(C, s) - G_m(CO_2, g)$$

$$G_m(CO, g) = G_m°(CO, g) + R \cdot T \cdot \ln \frac{P\ (CO)}{P°}$$

$$G_m(CO_2, g) = G_m°(CO_2, g) + R \cdot T \cdot \ln \frac{P\ (CO_2)}{P°}$$

$$G_m(C, s)\ \#\ G_m°(C, s)$$

---

[1] Il faut faire très attention, lors du calcul des enthalpies libres molaires de référence, de veiller à ce que les données fournies par la table numérique consultée correspondent bien à l'état de référence adopté.

[2] Quand le constituant B n'est pas suffisamment dilué pour que la relation précédente soit applicable, on remplace le rapport $c\ (B)/c°$ par un terme appelé (là aussi) **activité**.

Il en résulte la relation :

$$\Delta_r G_m = 2.G_m°(CO, g) - G_m°(CO_2, g) - G_m°(C, s) + R \cdot T \cdot \ln \frac{[P(CO)/P°]^2}{P(CO_2)/P°}$$

ou :

$$\Delta_r G_m = \Delta_r G_m° + R \cdot T \cdot \ln \frac{P(CO)^2}{P(CO_2)\,P°}$$

On voit que le corps solide C(s) n'intervient que dans l'expression de $\Delta_r G_m°$.

De façon tout à fait générale, on peut écrire pour tout système hétérogène comportant un ou plusieurs corps gazeux et un ou plusieurs corps solides (ou liquides purs) :

$$\Delta_r G_m = \Delta_r G_m° + R \cdot T \cdot \ln \prod \left[\frac{P(B, g)}{P°}\right]^{\nu(B, g)}$$

Le terme contenu dans la fonction logarithme ne fait intervenir que les constituants à l'état gazeux.

Ce résultat se généralise au cas des systèmes hétérogènes comportant des constituants solides et d'autres en solution. Soit la réaction :

$$aA(sln) + dD(s) = lL(sln) + rR(sln)$$

$$\Delta_r G_m = \Delta_r G_m° + R \cdot T \cdot \ln \frac{[c(L)/c°]^l . [c(R)/c°]^r}{[c(A)/c°]^a}$$

On peut écrire de façon générale :

$$\Delta_r G_m = \Delta_r G_m° + R \cdot T \cdot \ln \prod \left[\frac{c(B, sln)}{c°}\right]^{\nu(B, sln)}$$

Il en est bien sûr de même si on utilise les fractions molaires pour les constituants présents en solution :

$$\Delta_r G_m = \Delta_r G_m° + R \cdot T \cdot \ln \prod [x(B, sln)]^{\nu(B, sln)}$$

Dans ce cas, le terme contenu dans la fonction logarithme ne fait intervenir que les constituants en solution.

7.4 Expression générale de $\Delta_r G_m$

Les résultats que nous venons d'obtenir peuvent tous être regroupés sous une formulation simple :

$$\Delta_r G_m = \Delta_r G_m{}^\circ + R \cdot T \cdot \ln \pi$$

Le premier terme de la somme $\Delta_r G_m{}^\circ = \sum \nu(B) \cdot G_m{}^\circ(B)$ fait intervenir **tous les corps concernés par le processus chimique envisagé.**

Dans le deuxième terme de la somme, le symbole π ne fait intervenir que les **constituants gazeux** (par leurs pressions partielles) ou les **constituants en solution** (par leurs fractions molaires ou leurs concentrations) :

$$\pi = \prod \left[\frac{P\,(B, g)}{P^\circ}\right]^{\nu(B,\, sln)} \quad \text{ou :} \quad \pi = \prod \left[x\,(B, sln)\right]^{\nu(B,\, sln)}$$

$$\text{ou :} \quad \pi = \prod \left[\frac{c\,(B, sln)}{c^\circ}\right]^{\nu(B,\, sln)}$$

8 Enoncés des exercices corrigés

Les solutions de ces exercices sont fournies dans le paragraphe 9.

Exercice 2.1

Un gaz parfait occupe initialement un volume V_I = 32,7 dm^3, à la température T_I = 300 K, sous la pression P_I = 1,37.10^5 Pa.

Calculer la variation d'entropie de ce gaz à l'issue d'un processus qui l'amène à un état final défini par :

1/ T_F = 500 K et $P_F = P_I$ = 1,37.10^5 Pa.

2/ $T_F = T_I$ = 300 K et P_F = 1,02.10^5 Pa.

3/ T_F = 500 K et P_F = 1,02.10^5 Pa.

La capacité calorifique, molaire de ce gaz, à pression constante, est :

$$C_{p,m} = 29{,}30 \text{ J K}^{-1} \text{ mol}^{-1}.$$

Exercice 2.2

L'enthalpie et l'entropie molaires de référence du méthane à 298 K sont :

$$H_m°(CH_4, 298\ K) = -74{,}85\ kJ\ mol^{-1},$$

$$S_m°(CH_4, 298\ K) = 186{,}2\ J\ K^{-1}\ mol^{-1}$$

La capacité calorifique, molaire de ce gaz, à pression constante, est :

$C_{p,m} = (14{,}32 + 7{,}466.10^{-2}.T - 1{,}743.10^{-5}.T^{2})\ J\ K^{-1}\ mol^{-1}$.

En admettant un comportement de gaz parfait pour ce gaz, calculer :

1/ L'enthalpie molaire du méthane à 400 K, sous une pression de $6{,}97.10^4$ Pa.

2/ L'entropie molaire du méthane à 400 K, sous une pression de $6{,}97.10^4$ Pa.

3/ L'enthalpie libre molaire, de référence, du méthane à 298 K.

4/ L'enthalpie libre molaire du méthane à 400 K, sous $6{,}97.10^4$ Pa.

Exercice 2.3

On mélange 150 g d'eau à 3,0 °C et 250 g d'eau à 43,5 °C, dans un récipient isolé thermiquement de l'extérieur. Calculer :

1/ La température finale de l'eau.

2/ La variation d'entropie du système constitué par les 400 g d'eau.

Données numériques :

Capacité calorifique molaire de l'eau :

$C_m(H_2O, l) = 75{,}3\ J\ K^{-1}\ mol^{-1}$ (valeur que l'on admettra constante dans le domaine de température considéré).

Masse molaire de l'eau : $18{,}015\ g\ mol^{-1}$.

Exercice 2.4

Calculer l'entropie molaire de référence de formation ($\Delta_f S_m°$) et l'enthalpie libre molaire de référence de formation ($\Delta_f G_m°$) du méthanol liquide, à 298 K.

Données numériques, à 298 K :

$H_m°(CH_3OH, l) = -238{,}6\ kJ\ mol^{-1}$; $S_m°(CH_3OH, l) = 126{,}8\ J\ K^{-1} mol^{-1}$

$S_m°(H_2, g) = 130{,}6\ J\ K^{-1} mol^{-1}$; $S_m°(O_2, g) = 205{,}0\ J\ K^{-1} mol^{-1}$

$S_m°(C, graphite) = 5{,}69\ J\ K^{-1} mol^{-1}$.

Exercice 2.5

Calculer l'entropie molaire, de référence, de réaction, pour l'hydrogénation de l'acétylène en éthane :

1/ A 298 K.

2/ A 350 K.

Données numériques à 298 K :

	$S_m°$/ J K^{-1} mol^{-1}	$C_{p,m}°$/ J K^{-1} mol^{-1}
C_2H_2(g)	200,8	46,6
C_2H_6(g)	229,5	57,2
H_2(g)	130,6	29,0

On peut noter que les capacités calorifiques sont considérées ici comme constantes, ce qui est justifié par le fait que le domaine de température considéré est petit.

Exercice 2.6

Pour la réaction de synthèse de l'ammoniac :

$$1/2\ N_2(g)\ +\ 3/2\ H_2(g)\ =\ NH_3(g)$$

$\Delta_r G_m°(298\ K) = -16{,}64$ kJ mol^{-1} et $\Delta_r H_m°$ peut être considérée comme constante et égale à $-46{,}19$ kJ mol^{-1}.

Calculer la valeur de $\Delta_r G_m°(350\ K)$.

Exercice 2.7

Les données thermodynamiques ci-dessous sont fournies, à 298 K, pour les produits et réactifs de la réaction :

$$C(graph.)\ +\ CO_2(g)\ =\ 2\ CO(g)$$

Enthalpies molaires de référence :

$$H_m°(CO_2, g) = -\ 393{,}5\ \text{kJ mol}^{-1}$$
$$H_m°(CO, g) = -\ 110{,}5\ \text{kJ mol}^{-1}$$

Entropies molaires de référence :

$$S_m°(C, graph.) = 5{,}69\ \text{J K}^{-1}\ \text{mol}^{-1}$$
$$S_m°(CO_2, g) = 213{,}64\ \text{J K}^{-1}\ \text{mol}^{-1}$$
$$S_m°(CO, g) = 197{,}91\ \text{J K}^{-1}\ \text{mol}^{-1}$$

Par ailleurs les capacités calorifiques molaires à pression constante sont :

$$C_{p,\mathrm{m}}°(\mathrm{C, graph}) = 16{,}97 + 4{,}57.10^{-3}.T \quad \mathrm{J\,K^{-1}\,mol^{-1}}$$
$$C_{p,\mathrm{m}}°(\mathrm{CO_2, g}) = 43{,}96 + 9{,}34.10^{-3}.T \quad \mathrm{J\,K^{-1}\,mol^{-1}}$$
$$C_{p,\mathrm{m}}°(\mathrm{CO, g}) = 28{,}40 + 4{,}12.10^{-3}.T \quad \mathrm{J\,K^{-1}\,mol^{-1}}$$

Constante des gaz parfaits : $R = 8{,}314\ \mathrm{J\,K^{-1}\,mol^{-1}}$.

1/ Calculer la valeur de l'enthalpie molaire de réaction de référence ($\Delta_r H_m°$) à 298 K puis à 400 K.

2/ Calculer la valeur de l'entropie molaire de réaction de référence ($\Delta_r S_m°$) à 298 K puis à 400 K.

3/ Calculer la valeur de l'enthalpie libre molaire de réaction de référence ($\Delta_r G_m°$) à 400 K.

4/ Un mélange de dioxyde et de monoxyde de carbone, pour lequel les pressions partielles sont $P(CO_2) = 8{,}32.10^4$ Pa et $P(CO) = 1{,}10.10^3$ Pa, est en contact avec du graphite, à 400 K. Le système chimique ainsi constitué peut-il évoluer dans le sens de la formation du monoxyde, ou dans celui de la formation du dioxyde de carbone ?

9 Corrigés des exercices

Exercice 2.1

Etat initial : $V_I = 32{,}7\ \mathrm{dm^3}$; $P_I = 1{,}37.10^5$ Pa ; $T_I = 300$ K.

Quantité de constituant gazeux :

$$n = \frac{P_I.V_I}{R.T_I} = \frac{1{,}37.10^5 \times 32{,}7.10^{-3}}{8{,}31 \times 300} = 1{,}80\ \mathrm{mol}$$

1/ Chauffage à pression constante :

La chaleur échangée entre le système et l'extérieur est égale à la variation d'enthalpie du gaz, que le processus soit, ou ne soit pas, réversible.

$$\mathrm{d}S = \frac{\delta Q_{rev}}{T} = \frac{\mathrm{d}H}{T} = \frac{n.C_{p,\mathrm{m}}.\mathrm{d}T}{T}$$

$$\Delta S = n.\int_{T_I}^{T_F} \frac{C_{p,\mathrm{m}}.\mathrm{d}T}{T} = n.C_{p,\mathrm{m}}.\ln\frac{T_F}{T_I}$$

L'intégration est en effet immédiate, puisque la capacité calorifique du gaz est, ici, considérée comme constante dans l'intervalle de température.

$$\Delta S = 1{,}80 \times 8{,}31 \times \ln\frac{500}{300} = 26{,}9 \text{ J K}^{-1}$$

2/ Détente à température constante :

Pour un gaz parfait :

$$\left(\frac{\partial S}{\partial P}\right)_T = -\frac{n \cdot R}{P}$$

Donc :

$$\Delta S = -n \cdot R \cdot \int_{P_I}^{P_F} \frac{dP}{P} = -n \cdot R \cdot \ln\frac{P_F}{P_I}$$

$$\Delta S = -1{,}80 \times 8{,}31 \times \ln\frac{1{,}02}{1{,}37} = 4{,}41 \text{ J K}^{-1}$$

3/ Détente et chauffage :

L'entropie étant une fonction d'état, ses variations ne dépendent que de l'état initial et de l'état final. On peut atteindre l'état final en suivant un processus à deux étapes :

- Chauffage du gaz à pression constante ($1{,}37.10^5$ Pa) de 300 à 500 K. Cette étape provoque une variation de l'enthalpie libre du gaz de $26{,}9 \text{ J K}^{-1}$ (en accord avec la question 1).

- Détente isotherme du gaz (à 500 K) de $1{,}37.10^5$ Pa à $1{,}02.10^5$ Pa. Pour cette étape, un développement identique à celui de la question 2 fournit le même résultat (il est indépendant de la température à laquelle est effectuée la détente) : $4{,}41 \text{ J K}^{-1}$.

Donc : $\Delta S = 26{,}9 + 4{,}4 = 31{,}3 \text{ J K}^{-1}$.

Exercice 2 .2

1/ L'enthalpie d'un gaz parfait est indépendante de la pression et donc :

$$H_m(400 \text{ K}, 6{,}97.10^4 \text{ Pa}) = H_m°(400 \text{ K})$$

$$H_m°(400) = H_m°(298 \text{ K}) + \int_{298}^{400} C_{p,m} \cdot dT$$

$$\int_{298}^{400} C_{p,\mathrm{m}}.\mathrm{d}T = \int_{298}^{400} (14{,}32 + 7{,}466.10^{-2}.T - 1{,}743.10^{-5}.T^2).\mathrm{d}T$$

$$\int_{298}^{400} C_{p,\mathrm{m}}.\mathrm{d}T = 14{,}32 \times (400 - 298) + \frac{7{,}466.10^{-2}}{2} \times (400^2 - 298^2)$$

$$- \frac{1{,}743.10^{-5}}{3} \times (400^3 - 298^3)$$

$$\int_{298}^{400} C_{p,\mathrm{m}}.\mathrm{d}T = 3900 \text{ J mol}^{-1}$$

$$H_\mathrm{m}(400 \text{ K}, 6{,}97.10^4 \text{ Pa}) = -74{,}85 + 3{,}90 = -70{,}95 \text{ kJ mol}^{-1}.$$

2/ Pour le calcul de l'entropie molaire, on envisage un processus en deux étapes :

- Chauffage de 298 K à 400 K, sous la pression constante P °. Cette étape provoque une variation d'entropie notée ΔS_1.

- Détente de la pression P ° à $6{,}97.10^4$ Pa à la température constante 400 K. Cette étape provoque une variation d'entropie notée ΔS_2.

$$S_\mathrm{m}(400 \text{ K}, 6{,}97.10^4 \text{ Pa}) = S_\mathrm{m}°(298 \text{ K}) + \Delta S_1 + \Delta S_2$$

$$\Delta S_1 = \int_{298}^{400} C_{p,m}.\frac{\mathrm{d}T}{T} = \int_{298}^{400} (\frac{14{,}32}{T} + 7{,}466.\,10^{-2} - 1{,}743.\,10^{-5}.T\,).\mathrm{d}T$$

$$\Delta S_1 = 14{,}32 \times \ln\frac{400}{298} + 7{,}466.\,10^{-2} \times (400 - 298)$$

$$- \frac{1{,}743.10^{-5}}{2} \times (400^2 - 298^2)$$

$$\Delta S_1 = 11{,}21 \text{ J K}^{-1}$$

$$\Delta S_2 = -\mathrm{R}.\int_{10^5}^{6{,}97.\,10^4} \frac{\mathrm{d}P}{P} = -8{,}314 \times \ln\frac{6{,}97.10^4}{10^5} = 3{,}00 \text{ J K}^{-1}$$

$$S_\mathrm{m}(400 \text{ K}, 6{,}97.10^4 \text{ Pa}) = 186{,}2 + 11{,}2 + 3{,}00 = 200{,}4 \text{ J K}^{-1}.$$

3/ Enthalpie libre molaire de référence à 298 K :

A toute température T : $G_\mathrm{m}° = H_\mathrm{m}° - T{\cdot}S_\mathrm{m}°$

$$G_\mathrm{m}°(298) = H_\mathrm{m}°(298) - 298{\cdot}S_\mathrm{m}°(298) = -74{,}85 - 298 \times 0{,}1862$$

$$G_m°(298) = -130{,}34 \text{ kJ mol}^{-1}.$$

4/ A 400 K et 6,97.10⁴ Pa :

$$G_m(400 \text{ K}, 6{,}97.10^4 \text{ Pa}) = H_m(400 \text{ K}, 6{,}97.10^4 \text{ Pa}) - 400 \cdot S_m(400 \text{ K}, 6{,}97.10^4 \text{ Pa})$$

$$G_m(400 \text{ K}, 6{,}97.10^4 \text{ Pa}) = -70{,}95 - 400 \times 0{,}2004 = -151{,}11 \text{ kJ mol}^{-1}.$$

Exercice 2.3

Etat initial : n_1 (= 150/18,015) moles d'eau à la température T_1 (276,2 K) et n_2 (= 250/18,015) moles d'eau à la température T_2 (316,7 K) .

Etat final : $(n_1 + n_2)$ moles d'eau à la température T_F inconnue.

1/ Détermination de T_F

Le système n'échange ni travail ni chaleur (récipient thermiquement isolé) avec l'extérieur. Son énergie interne reste donc constante.

$$\left(\frac{\partial U}{\partial T}\right) = \text{n}.C_m$$

En effet, pour un liquide ou un solide, la capacité calorifique à volume constant et celle à pression constante sont identiques. Il est donc inutile de préciser.

$$\Delta U = \text{n}_1 \cdot \int_{T_1}^{T_F} C_m \cdot \text{d}T + \text{n}_2 \cdot \int_{T_2}^{T_F} C_m \cdot \text{d}T = 0$$

$$n_1 \cdot C_m \cdot (T_F - T_1) + n_2 \cdot C_m \cdot (T_F - T_2) = 0$$

$$T_F = \frac{n_1 . T_1 - n_2 . T_2}{n_1 + n_2} = 301{,}5 \text{ K}$$

2/ Détermination de la variation d'entropie du système

On notera ΔS_1 la variation d'entropie de l'eau (150 g) qui passe de T_1 à T_F et ΔS_2 celle de l'eau (250 g) qui passe de T_2 à T_F.

$$\Delta S_1 = \text{n}_1 \cdot \int_{T_1}^{T_F} \frac{C_m}{T} . \text{d}T \quad \text{et} \quad \Delta S_2 = \text{n}_2 \cdot \int_{T_2}^{T_F} \frac{C_m}{T} . \text{d}T$$

$$\Delta S = \Delta S_1 + \Delta S_2 = n_1.C_m.\ln\frac{T_F}{T_1} + n_2.C_m.\ln\frac{T_F}{T_2}$$

$$\Delta S = \frac{75,3}{18,015} \times (150 \times \ln\frac{301,5}{276,2} + 250 \times \ln\frac{301,5}{316,7}) = 3,6 \text{ J K}^{-1}$$

Ce processus est irréversible et concerne un système thermiquement isolé : conformément au deuxième principe, il en résulte une augmentation d'entropie pour le système.

Exercice 2.4

Réaction de formation du méthanol :

$$C(graph) + 2\ H_2(g) + 1/2\ O_2(g) = CH_3OH(l)$$

L'entropie de formation du méthanol est la variation d'entropie mise en jeu par cette réaction :

$$\Delta_f S_m°(CH_3OH, l) = S_m°(CH_3OH, l) - S_m°(C, graph) - 2 \cdot S_m°(H_2, g) - 0,5 \cdot S_m°(O_2, g)$$

$$\Delta_f S_m°(CH_3OH, l) = 126,8 - 5,69 - 2 \times 130,6 - 0,5 \times 205,0$$

$$\Delta_f S_m°(CH_3OH, l) = -242,6 \text{ J K}^{-1} \text{ mol}^{-1}.$$

L'enthalpie de formation de référence du méthanol est fournie par :

$$\Delta_f H_m°(CH_3OH, l) = H_m°(CH_3OH, l) = -238,6 \text{ kJ mol}^{-1}$$

et l'enthalpie libre de formation du méthanol est :

$$\Delta_f G_m°(CH_3OH, l) = \Delta_f H_m°(CH_3OH, l) - T \cdot \Delta_f S_m°(CH_3OH, l)$$

$$\Delta_f G_m°(CH_3OH, l) = -238,6 + 298 \cdot 242,6.10^{-3} = -166,3 \text{ kJ mol}^{-1}.$$

Exercice 2.5

Réaction : $C_2H_2(g) + 2\ H_2(g) = C_2H_6(g)$

1/ Entropie molaire de référence de réaction à 298 K :

$$\Delta_r S_m°(298\text{ K}) = S_m°(C_2H_6, g, 298\text{ K}) - S_m°(C_2H_2, g, 298\text{ K}) - 2 \cdot S_m°(H_2, g, 298\text{ K})$$

$$\Delta_r S_m°(298\text{ K}) = 229,5 - 200,8 - 2 \times 130,6 = -232,5 \text{ J K}^{-1} \text{ mol}^{-1}.$$

2/ Entropie molaire de référence de réaction à 350 K :

La pression étant constante (égale à $P°$), on calcule facilement la valeur de $\Delta_r S_m°(350\text{K})$.

$$\Delta_r S_m°(350\ K) = \Delta_r S_m°(298\ K) + \int_{298}^{350} \frac{\Delta_r C_{p,m}°.dT}{T}$$

avec : $\Delta_r C_{p,m}° = C_{p,m}°(C_2H_6, g) - C_{p,m}°(C_2H_2, g) - 2{\cdot}C_{p,m}°(H_2, g)$

$$\Delta_r C_{p,m}° = 57{,}2 - 46{,}6 - 2 \times 29{,}0 = -47{,}4\ J\ K^{-1}\ mol^{-1}.$$

$$\Delta_r S_m°(350\ K) = -232{,}5 - \int_{298}^{350} \frac{47{,}4.dT}{T} = -232{,}5 - 47{,}4 \times \ln\frac{350}{298}$$

$$\Delta_r S_m°(350\ K) = -240{,}1\ J\ K^{-1}\ mol^{-1}.$$

Exercice 2.6

On intègre l'équation de Gibbs-Helmholtz :

$$\frac{d(\Delta_r G_m° / T)}{dT} = -\frac{\Delta_r H_m°}{T^2}$$

$$\int_{\Delta_r G_m(298)/298}^{\Delta_r G_m(350)/350} d\left(\frac{\Delta_r G_m°}{T}\right) = -\int_{298}^{350} \frac{\Delta_r H_m°}{T^2}\, dT$$

L'enthalpie molaire de réaction pouvant être considérée comme constante, l'intégration est aisée :

$$\frac{\Delta_r G_m°(350\ K)}{350} - \frac{\Delta_r G_m°(298\ K)}{298} = \Delta_r H_m°{\cdot}\left(\frac{1}{350} - \frac{1}{298}\right)$$

$$\frac{\Delta_r G_m°(350\ K)}{350} = -\frac{16{,}64}{298} - 46{,}19 \times \left(\frac{1}{350} - \frac{1}{298}\right)$$

$$\Delta_r G_m°(350\ K) = -11{,}48\ kJ\ mol^{-1}.$$

Exercice 2.7

Réaction : $C(graph.) + CO_2(g) = 2\ CO(g)$

1/ Enthalpie molaire de réaction :

A 298 K : $\Delta_r H_m° = 2{\cdot}H_m°(CO) - H_m°(CO_2) = 2 \times (-110{,}5) - (-393{,}5)$

$$\Delta_r H_m°(298) = 172{,}5\ kJ\ mol^{-1}.$$

A 400 K :

$$\Delta_r H_m°(400) = \Delta_r H_m°(298) + \int_{298}^{400} \Delta_r C_{p,m}°.dT$$

$$\Delta_r C_{p,m}° = 2 \cdot C_{p,m}°(CO) - C_{p,m}°(C) - C_{p,m}°(CO_2) = -4{,}13 - 5{,}67.10^{-3} \cdot T$$

$$\int_{298}^{400} \Delta_r C_{p,m}°.dT = -4{,}13 \times (400 - 298) - \frac{5{,}67.10^{-3}}{2} \times (400^2 - 298^2)$$

$$\int_{298}^{400} \Delta_r C_{p,m}°.dT = -623 \text{ J mol}^{-1}$$

$$\Delta_r H_m°(400) = 172{,}5 - 0{,}623 = 171{,}9 \text{ kJ mol}^{-1}.$$

2/ Entropie molaire de référence de réaction :

A 298 K : $\Delta_r S_m° = 2 \cdot S_m°(CO) - S_m°(CO_2) - S_m°(C)$

$$\Delta_r S_m° = 2 \times 197{,}91 - 5{,}69 - 213{,}64$$

$$\Delta_r S_m°(298) = 176{,}49 \text{ J K}^{-1} \text{ mol}^{-1}.$$

A 400 K : $\Delta_r S_m°(400) = \Delta_r S_m°(298) + \int_{298}^{400} \frac{\Delta_r C_{p,m}°}{T}.dT$

$$\int_{298}^{400} \frac{\Delta_r C_{p,m}°}{T}.dT = -4{,}13 \times \ln \frac{400}{298} - 5{,}67.10^{-3} \times (400 - 298)$$

$$\int_{298}^{400} \frac{\Delta_r C_{p,m}°}{T}.dT = -1{,}79 \text{ J K}^{-1}\text{mol}^{-1}$$

$$\Delta_r S_m°(400) = 176{,}49 - 1{,}79 = 174{,}70 \text{ J K}^{-1} \text{ mol}^{-1}.$$

3/ Enthalpie libre molaire de référence de réaction :

$$\Delta_r G_m°(400) = \Delta_r H_m°(400) - 400 \cdot \Delta_r S_m°(400)$$

$$\Delta_r G_m°(400) = 171{,}9 - 400 \times 174{,}70.10^{-3} = 102{,}0 \text{ kJ mol}^{-1}$$

4/ Sens de réaction :

$$\Delta_r G_m = \Delta_r G_m° + R \cdot T \cdot \ln \pi$$

avec, ici :

$$\pi = \frac{(P\,(CO)\,/\,P\,°)^2}{P\,(CO_2)\,/\,P\,°}$$

$$\Delta_r G_m = 102{,}0 + 8{,}314.\,10^{-3} \times 400 \times \ln\frac{(1{,}10.\,10^{-2})^2}{0{,}832} = 72{,}6 \text{ kJ mol}^{-1}$$

$\Delta_r G_m$ est positif : la réaction ne peut pas s'effectuer dans le sens pour lequel $\Delta_r G_m$ a été calculé, mais elle peut avoir lieu dans le sens inverse, c'est-à-dire dans celui de la formation du dioxyde de carbone.

10 Exercices non résolus

Exercice 2.8

Un gaz parfait occupe un volume de 12,5 dm^3, à 310 K, sous une pression de $1{,}12.10^5$ Pa. La capacité calorifique molaire, à pression constante, de ce gaz est donnée par la relation suivante :

$$C_{p,m} = 28{,}7 + 1{,}17.10^{-3}.T - 0{,}92.10^{-6}.T^2 \text{ J K}^{-1}\text{ mol}^{-1}$$

1/ Calculer la quantité de ce gaz.

2/ On modifie la température et la pression de ce gaz. Elles deviennent respectivement 420 K et $2{,}30.10^5$ Pa. Calculer les variations qui résultent de ce processus pour les fonctions d'état suivantes de ce gaz :

a : Enthalpie.
b : Energie interne.
c : Entropie.

Exercice 2.9

L'enthalpie molaire de référence et l'entropie molaire de référence du dioxyde de carbone à 298 K, ont les valeurs respectives suivantes :

$$H°\text{m}(CO_2,\text{ g, 298 K}) = -393{,}5 \text{ kJ mol}^{-1}$$

$$S°\text{m}(CO_2,\text{ g, 298 K}) = 213{,}64 \text{ J K}^{-1}\text{mol}^{-1}.$$

Calculer :

1/ L'enthalpie libre molaire, de référence, de CO_2(g), à 298 K.

2/ L'enthalpie libre molaire de CO_2(g), à 298 K, sous une pression de $2{,}50.10^5$ Pa.

3/ L'entropie molaire de CO_2(g), à 298 K, sous $2{,}50.10^5$ Pa.

On admettra un comportement idéal pour ce gaz.

Exercice 2.10

Dans un récipient thermiquement isolé, on mélange 10,0 moles d'eau initialement à 11,3°C et 25,0 moles d'eau initialement à 46,5°C. La capacité calorifique molaire de l'eau est $C_m(H_2O, l) = 75{,}3\ J\ K^{-1}\ mol^{-1}$.

1/ Calculer la température finale de l'eau.

2/ Calculer la variation d'entropie du système constitué par ces 35,0 moles d'eau.

Exercice 2.11

Calculer l'entropie molaire, de référence, de formation de l'éthylène à 298 K. On donne :

$S°_m(C, graph., 298\ K) = 5{,}69\ J\ K^{-1}\ mol^{-1}$

$S°_m(H_2, g, 298\ K) = 130{,}6\ J\ K^{-1}\ mol^{-1}$

$S°_m(C_2H_4, g, 298\ K) = 219{,}4\ J\ K^{-1}\ mol^{-1}$.

Exercice 2.12

Pour la réaction :

$$CO(g) + H_2O(g) = HCO_2H(g)$$

on fournit les données suivantes :

$H_m°(H_2O, g, 298\ K) = -241{,}82\ kJ\ mol^{-1}$

$H_m°(CO, g, 298\ K) = -110{,}52\ kJ\ mol^{-1}$

$H_m°(HCO_2H, g, 298\ K) = -362{,}62\ kJ\ mol^{-1}$.

$S_m°(H_2O, g, 298\ K) = 188{,}7\ J\ K^{-1}\ mol^{-1}$

$S_m°(CO, g, 298\ K) = 197{,}9\ J\ K^{-1}\ mol^{-1}$

$S_m°(HCO_2H, g, 298\ K) = 251{,}0\ J\ K^{-1}\ mol^{-1}$

$C_{p,m}°(H_2O, g) = 30{,}1 + 1{,}13.10^{-2}.T\ J\ K^{-1}\ mol^{-1}$.

$C_{p,m}°(CO, g) = 54{,}2 + 1{,}23.10^{-2}.T\ J\ K^{-1}\ mol^{-1}$.

$C_{p,m}°(HCO_2H, g) = 60{,}9 + 17{,}73.10^{-2}.T\ J\ K^{-1}\ mol^{-1}$.

Calculer :

1/ $\Delta_r H_m°(420\ K)$.

2/ $\Delta_r S_m°(420\ K)$.

3/ $\Delta_r G_m°(420\ K)$.

Exercice 2.13

Soit la réaction de synthèse de l'ammoniac :

$$N_2(g) + 3H_2(g) = 2\,NH_3(g)$$

On donne les enthalpies et les entropies molaires, de référence à 298 K ainsi que les capacités calorifiques molaires :

	$H_m°(298K)$ / kJ mol^{-1}	$S_m°(298{,}15\ K)$ / J K^{-1}mol^{-1}	$C_{p,m}° = a + b \cdot T$ a /J K^{-1}mol^{-1}	b /J K^{-2}mol^{-1}
$H_2(g)$	0	130,6	28,77	$5{,}46.10^{-4}$
$N_2(g)$	0	191,49	27,82	$4{,}18.10^{-3}$
$NH_3(g)$	– 46,19	192,5	27,44	$3{,}20.10^{-2}$

1/ Calculer :

a : $\Delta_r H_m°$ à 350 K ; b : $\Delta_r S_m°$ à 350 K ; c : $\Delta_r G_m°$ à 350 K.

2/ On part d'un mélange gazeux, à 350 K, dont les fractions molaires des constituants sont : $x\,(N_2) = 0{,}180$, $x\,(H_2) = 0{,}430$ et $x\,(NH_3) = 0{,}390$, sous une pression totale maintenue constante et égale à $2{,}50.10^5$ Pa. Calculer $\Delta_r G_m$. Sous ces conditions, dans quel sens peut évoluer le système (formation ou décomposition de l'ammoniac) ?

3/ Que se passerait-il si les valeurs de la pression totale et des fractions molaires des constituants du mélange étaient telles que $\Delta_r G_m = 0$?

11 Résultats numériques des exercices non résolus

Exercice 2.8 **1/** $n = 0{,}543$ mol. **2/** **a** : $\Delta H = 1732$ J. **b** : $\Delta U = 1732$ J. **c** : $\Delta S = 1{,}53$ J K^{-1}.

Exercice 2.9 **1/** $G_m° = -457{,}2$ kJ mol^{-1}. **2/** $G_m = -454{,}9$ kJ mol^{-1}. **3/** $S_m = 206{,}0$ J K^{-1} mol^{-1}.

Exercice 2.10 **1/** $T = 36{,}4$ °C. **2/** $\Delta S = 3{,}23$ J K^{-1}.

Exercice 2.11 $\Delta_f S_m = -53{,}2$ J K^{-1}mol^{-1}.

Exercice 2.12 **1/** $\Delta_r H_m°(420\ K) = -6{,}40$ kJ mol^{-1}. **2/** $\Delta_r S_m°(420\ K) = 124{,}9$ J K^{-1} mol^{-1}. **3/** $\Delta_r G_m°(420\ K) = 46{,}1$ kJ mol^{-1}.

Exercice 2.13 **1/** **a** : $\Delta_r H_m°(350\ K) = -94{,}48$ kJ mol^{-1}. **b** : $\Delta_r S_m°(350\ K) = -204{,}8$ J K^{-1} **c** : $\Delta_r G_m°(350\ K) = -94{,}48$ kJ mol^{-1}. **2/** $\Delta_r G_m = -21{,}3$ kJ mol^{-1} ; évolution possible dans le sens de la formation de l'ammoniac. **3/** équilibre chimique.

3. *Equilibre chimique*

1 Notion d'équilibre chimique

Pour préciser la notion d'équilibre chimique, nous commencerons par raisonner sur un système constitué uniquement de gaz. La généralisation à d'autres systèmes sera ensuite très simple.

Soit un système chimique susceptible d'évoluer selon l'équation :

$$aA(g) + cC(g) = lL(g) + rR(g)$$

Pour le processus écrit dans ce sens, on a :

$$\Delta_r G_m = \Delta_r G_m{}^\circ + R \cdot T \cdot \ln \pi$$

avec :

$$\pi = \frac{P\,(L)^l .\ P\,(R)^r}{P\,(A)^a .\ P\,(C)^c} . (P\,^\circ)^{a + c - l - r}$$

Si nous partons des seuls réactifs (A et C), nous voyons que les pressions partielles des produits (L et R) sont nulles, ce qui entraîne $\pi = 0$. L'expression de $\Delta_r G_m$ montre que ce terme est égal à $-\infty$

Une valeur négative de $\Delta_r G_m$ rend la réaction possible. La réaction peut donc avancer : dans ce cas, les pressions partielles de A et C diminuent, tandis que celles de L et R cessent d'être nulles et croissent. Il en résulte que π croît, ainsi que $\Delta_r G_m$.

Lorsque π atteint une valeur π_e telle que :

$$\Delta_r G_m = \Delta_r G_m{}^\circ + R \cdot T \cdot \ln \pi_e = 0$$

la réaction cesse, car tout avancement conduirait à avoir $\pi > \pi_e$ et donc $\Delta_r G_m > 0$.

Si, au lieu de prendre comme état initial les corps A et C, nous avions pris les corps L et R seuls, le même raisonnement nous aurait amenés à voir que la réaction inverse est possible et s'arrête quand π prend la même valeur π_e que dans le cas de la réaction directe.

Pour $\pi = \pi_e$, $\Delta_r G_m = 0$ et le système ne peut évoluer chimiquement ni dans un sens ni dans l'autre : on est à **l'équilibre chimique**.

Le fait que le système constitué par les corps A, C, L et R soit à l'équilibre chimique peut être souligné en écrivant le processus chimique sous la forme :

$$aA(g) + cC(g) \rightleftharpoons lL(g) + rR(g)$$

La relation $dG = \Delta_r G_m \cdot d\xi$ montre qu'une valeur nulle pour $\Delta_r G_m$ correspond à une valeur nulle pour la dérivée de la fonction enthalpie libre du système par rapport à l'avancement ($\frac{dG}{d\xi} = 0$).. Donc, quand π atteint la valeur π_e, **l'enthalpie libre du système est minimale** (voir figure 3.1).

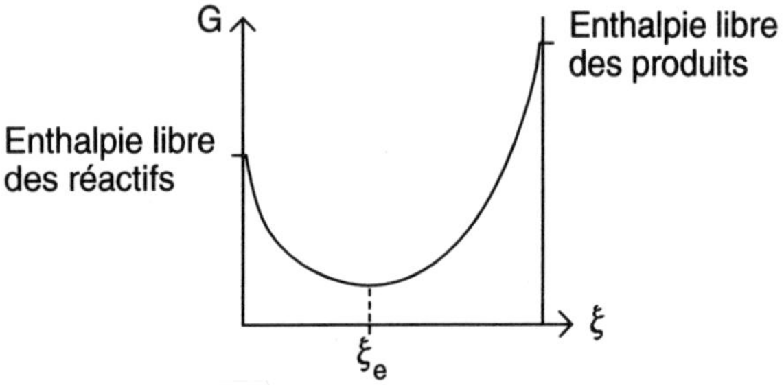

Figure 3.1

De même qu'une bille lâchée sur un sol non horizontal roule jusqu'à ce que son énergie potentielle soit minimale (équilibre mécanique), un système chimique évolue dans le sens d'une diminution de son enthalpie libre jusqu'à ce que cette dernière soit minimale (équilibre chimique).

2 Constante d'équilibre

L'équilibre est atteint pour $\Delta_r G_m = 0$. Nous avons vu qu'il en résulte que π prend, à l'équilibre, une valeur particulière π_e. Cette valeur particulière est notée K ($K = \pi_e$) et appelée **constante d'équilibre**.

La relation $\Delta_r G_m = \Delta_r G_m{}^\circ + R \cdot T \cdot \ln \pi$ fournit, à l'équilibre :

$$\mathbf{0 = \Delta_r G_m{}^\circ + R \cdot T \cdot \ln K}$$

Donc :

$$\boldsymbol{K = \exp\left(-\frac{\Delta_r G_m^\circ}{R \cdot T}\right)}$$

Cette relation montre que la constante d'équilibre **ne dépend que de la température**. Il est indispensable de bien garder ce résultat en mémoire et de ne pas oublier que la pression, en particulier, n'a aucune influence sur la valeur de K.

2.1 Retour sur le sens d'évolution d'un système chimique à pression et température constantes

La combinaison des relations :

$$\Delta_r G_m = \Delta_r G_m{}^\circ + R \cdot T \cdot \ln \pi$$

et

$$\Delta_r G_m{}^\circ = - R \cdot T \cdot \ln K$$

permet d'écrire :

$$\boldsymbol{\Delta_r G_m = R \cdot T \cdot \ln \frac{\pi}{K}}$$

On voit qu'une simple comparaison des valeurs de π et K permet de prévoir le sens d'évolution thermodynamiquement possible :

- Si $\pi < K$: $\frac{\pi}{K} < 1$ et donc $\Delta_r G_m < 0$:
l'évolution de gauche à droite (sens 1) est possible.

- Si $\pi = K$: $\frac{\pi}{K} = 1$ et donc $\Delta_r G_m = 0$:
le système est en équilibre chimique.

2.2 Expression de K à partir de données à l'équilibre

K est une valeur particulière de π. Donc, K s'exprime exactement comme π, mais en utilisant des valeurs de données correspondant à l'état d'équilibre. Examinons les différents cas de figure.

2.2.1 Système gazeux homogène

$$aA(g) + cC(g) \rightleftharpoons lL(g) + rR(g)$$

$$\pi = \prod \left[\frac{P(B)}{P^\circ}\right]^{\nu(B)} \text{ et donc : } K = \prod \left[\frac{P(B)_e}{P^\circ}\right]^{\nu(B)}$$

$P(B)_e$ représente la pression partielle du constituant B **à l'équilibre**.

Pour le schéma réactionnel tel qu'il a été écrit, l'expression générale de la constante d'équilibre s'écrit :

$$K = \frac{P\,(\mathrm{L})_e^{l}.P\,(\mathrm{R})_e^{r}}{P\,(\mathrm{A})_e^{a}.P\,(\mathrm{D})_e^{d}}.(P\,°)^{(a+d-l-r)}$$

2.2.2 Système hétérogène gaz-solide

$$\mathrm{aA(g) + cC(s) \rightleftharpoons lL(g) + rR(s)}$$

$$K = \Pi\,[\frac{P\,(\mathrm{B,\,g})_e}{P\,°}]^{\nu(\mathrm{B,g})}$$

Donc, pour le schéma réactionnel envisagé :

$$K = \frac{P\,(\mathrm{L})_e^{l}}{P\,(\mathrm{A})_e^{a}}.(P\,°)^{(a-l)}$$

2.2.3 Système homogène en solution

$$\mathrm{aA(sln) + dD(sln) \rightleftharpoons lL(sln) + rR(sln)}$$

$$K = \Pi\,[x\,(\mathrm{B})_e]^{\nu(\mathrm{B})}$$

Donc ici :

$$K = \frac{x\,(\mathrm{L})_e^{l}.x\,(\mathrm{R})_e^{r}}{x\,(\mathrm{A})_e^{a}.\,x\,(\mathrm{D})_e^{d}}$$

Ou, en utilisant les concentrations à l'équilibre :

$$K = \Pi\,[c\,(\mathrm{B})_e/c\,°]^{\nu(\mathrm{B})}$$

et donc ici :

$$K = \frac{c\,(\mathrm{L})_e^{l}.c\,(\mathrm{R})_e^{r}}{c\,(\mathrm{A})_e^{a}.c\,(\mathrm{D})_e^{d}}.(c\,°)^{(a+d-l-r)}$$

2.2.4 Système hétérogène général

Soit un système tout à fait général comportant des gaz, des corps en solution et des solides purs :

$$\mathrm{aA(g) + cC(s) + dD(sln) \rightleftharpoons lL(g) + mM(sln)}$$

$$K = \Pi\,[\frac{P\,(\mathrm{B,\,g})_e}{P\,°}]^{\nu(\mathrm{B,g})}.\Pi\,[x\,(\mathrm{B,\,sln})_e]^{\nu(\mathrm{B,sln})}$$

ce qui revient à écrire pour le schéma réactionnel proposé :

$$K = \frac{[P\,(\mathrm{L})_e / P\,°]^l \cdot x\,(\mathrm{M})_e^m}{[P\,(\mathrm{A})_e / P\,°]^a \cdot x\,(\mathrm{D})_e^d}$$

Dans tous les cas, on peut constater que la constante d'équilibre est **sans dimension**. Ceci résulte de son expression thermodynamique :

$$\ln K = -\frac{\Delta_r G_m°}{R \cdot T}$$

Il est indispensable de bien garder en mémoire que K :
- **est sans dimension**,
- **ne dépend que de la température**.

2.3 Constantes d'équilibre pratiques, dimensionnées et non dimensionnées

Il peut parfois être utile d'employer des constantes d'équilibre, dites "pratiques", autres que la constante d'équilibre thermodynamique K.

2.3.1 Cas où interviennent des gaz et éventuellement des solides

Constante K_p

Elle est définie par :

$$K_p = \prod P\,(\mathrm{B, g})_e^{\nu(\mathrm{B,g})}$$

La comparaison avec l'expression de K :

$$K = \prod [P\,(\mathrm{B, g})_e / P\,°]^{\nu(\mathrm{B,g})}$$

montre que :

$$K_p = K \cdot (P\,°)^{\Sigma\nu(\mathrm{B,g})}$$

Cette constante K_p est dimensionnée : sa dimension est une pression élevée à la puissance $\Sigma\,\nu(\mathrm{B, g})$

Constante K_x

Elle est définie par :

$$K_x = \prod x\,(\mathrm{B, g})_e^{\nu(\mathrm{B, g})}$$

pour les équilibres comportant une phase gazeuse, ou par :

$$K_x = \prod x\,(\mathrm{B, sln})_\mathrm{e}^{\nu(\mathrm{B, sln})}$$

pour ceux comportant une phase liquide (solution).

Pour établir la relation liant K_x à K, il suffit d'exprimer que la pression partielle P (B) de tout corps B du mélange gazeux est égale au produit de la pression totale P par la fraction molaire de B dans ce mélange gazeux :

$$P\,(\mathrm{B}) = P \cdot x\,(\mathrm{B})$$

Donc : $K = \prod [P\,(\mathrm{B, g})_\mathrm{e} / P°]^{\nu(\mathrm{B,g})} = \prod [P \cdot x\,(\mathrm{B, g})_\mathrm{e} / P°]^{\nu(\mathrm{B,g})}$

$$K = [P / P°]^{\Sigma\nu(\mathrm{B,g})} . \prod x\,(\mathrm{B, g})_\mathrm{e}^{\nu(\mathrm{B,g})}$$

d'où :

$$K_x = K \left[\frac{P°}{P}\right]^{\Sigma\,\nu(\mathrm{B,g})}$$

Cette constante n'est pas dimensionnée. L'expression ci-dessus met en évidence le fait qu'elle est fonction de la température et de la pression totale.

Constante K_c

Elle est définie par :

$$K_c = \prod c\,(\mathrm{B, g})_\mathrm{e}^{\nu(\mathrm{B, g})}$$

c (B, g) représente la concentration de l'espèce gazeuse B, dans le mélange. Cette concentration peut être reliée à la pression partielle de B, en admettant un comportement idéal pour les gaz :

$$c\,(\mathrm{B, g}) = \frac{n(\mathrm{B, g})}{V} = \frac{P\,(\mathrm{B, g})}{R \cdot T}$$

$$K = \prod \left[\frac{P\,(\mathrm{B, g})_\mathrm{e}}{P°}\right]^{\nu(\mathrm{B,g})} = \prod \left[\frac{R \cdot T \cdot c\,(\mathrm{B, g})_\mathrm{e}}{P°}\right]^{\nu(\mathrm{B,g})} = \left[\frac{R \cdot T}{P°}\right]^{\Sigma\,\nu(\mathrm{B,g})} . K_c$$

Donc : $$K_c = \left[\frac{P°}{R \cdot T}\right]^{\Sigma\,\nu(\mathrm{B,g})} . K$$

Cette constante K_c est dimensionnée : sa dimension est une concentration élevée à la puissance $\Sigma\,\nu(\mathrm{B, g})$.

En pratique, elle est de peu d'intérêt dans le cas des systèmes comportant des gaz.

2.3.2 Cas où interviennent des solutions

On définit également des constantes pratiques K_x et K_c :

$$K_x = \prod x\,(\mathrm{B, sln})^{\nu(\mathrm{B,sln})}$$

$$K_c = \prod c\,(\mathrm{B, sln})^{\nu(\mathrm{B,sln})}$$

On constate que la constante K_x est, dans le cas des solutions, identique à la constante thermodynamique, cependant que K_c est liée à la constante thermodynamique par la relation :

$$K_c = K \cdot (c^\circ)^{\Sigma\nu(\mathrm{B,\,sln})}$$

2.4 Influence de la température sur la constante d'équilibre

Répétons-le, la constante d'équilibre thermodynamique **ne dépend que de la température**. Nous allons voir, maintenant, comment s'exprime cette dépendance.

Partons de l'expression de ln K :

$$\ln K = -\frac{\Delta_r G_m^\circ}{R \cdot T}$$

$$\frac{\mathrm{d}\ln K}{\mathrm{d}T} = -\frac{\mathrm{d}}{\mathrm{d}T}\left[\frac{\Delta_r G_m^\circ}{T}\right]$$

En appliquant la relation de Gibbs-Helmholtz :

$$\frac{\mathrm{d}}{\mathrm{d}T}\left[\frac{\Delta_r G_m^\circ}{T}\right] = -\frac{\Delta_r H_m^\circ}{T^2}$$

on aboutit à la relation de Van't Hoff :

$$\boldsymbol{\frac{\mathrm{d}\ln K}{\mathrm{d}T} = \frac{\Delta_r H_m^\circ}{R \cdot T^2}}$$

Cette relation est très commode d'emploi quand l'enthalpie molaire de réaction peut être considérée comme constante dans le domaine de température étudié :

$$\int_{\ln K(T_1)}^{\ln K(T_2)} \mathrm{d}\ln K = \int_{T_1}^{T_2} \frac{\Delta_r H_m^\circ}{RT^2}.\mathrm{d}T$$

$$\ln K(T_2) = \ln K(T_1) - \frac{\Delta_r H_m^\circ}{R}\left[\frac{1}{T_2} - \frac{1}{T_1}\right]$$

3 Calcul de la composition d'un système chimique à l'équilibre

Quand nous avons considéré un système susceptible d'évoluer chimiquement, nous avons vu que cette évolution ne peut se faire que dans le sens d'une valeur négative de $\Delta_r G_m$, calculé grâce à la relation :

$$\Delta_r G_m = \Delta_r G_m{}^\circ + R \cdot T \cdot \ln \pi$$

Cette évolution s'effectue jusqu'à ce que le terme π atteigne sa valeur à l'équilibre : K.

Nous allons voir maintenant qu'il est possible de **prévoir** la composition du système lorsque l'équilibre est atteint. Nous raisonnerons sur un système hétérogène gaz-solide, mais les résultats obtenus pourront facilement se généraliser.

Soit le système des corps A, C, L et M susceptible d'évoluer chimiquement selon l'équation :

$$aA(g) + cC(g) = lL(s) + mM(g)$$

Pour simplifier l'écriture, nous considérons que nous n'avons, dans l'état initial, que des réactifs (A et C). Nous notons $n_0(A)$ et $n_0(C)$ les quantités initiales de A et C.

Nous admettons que la réaction a lieu.

A l'équilibre, le système est constitué par :

n (A) mole(s) de A gazeux,

n (C) mole(s) de C gazeux,

n (L) mole(s) de L solide,

n (M) mole(s) de M gazeux.

Le problème posé est la détermination de n (A), n (C), n (L) et n (M).

Dans notre exemple, il y a donc quatre inconnues. Pour résoudre le problème, nous allons les exprimer en fonction d'une inconnue unique qui peut être :

- soit l'avancement ξ,
- soit la fraction consommée de l'un des réactifs : α.

3.1 Utilisation de l'avancement

Rappelons la définition de l'avancement :

$$\xi = \frac{n(B) - n_0(B)}{\nu(B)}$$

Ici, la valeur de ξ à l'équilibre est ξ_e telle que :

$$\xi_e = \frac{n\,(A) - n_0(A)}{-\,a} = \frac{n\,(C) - n_0(C)}{-\,c} = \frac{n\,(L)}{l} = \frac{n\,(M)}{m}$$

Ces relations vont nous permettre d'exprimer les quantités n (A), n (C), n (L) et n (M) en fonction des quantités initiales $n_0(A)$ et $n_0(C)$ connues et de la seule inconnue ξ_e :

- Phase solide : $n\,(L) = l \cdot \xi_e$
- Phase gazeuse : $n\,(M) = m \cdot \xi_e$
  $n\,(A) = n_0(A) - a \cdot \xi_e$
  $n\,(C) = n_0(C) - c \cdot \xi_e$

Notons n_T la quantité totale des corps gazeux :

$$n_T = \sum n(B, g) = n_0(A) + n_0(C) + (m - a - c) \cdot \xi_e$$

ou, sous une formulation plus générale :

$$n_T = \sum n_0(B, g) + \sum \nu(B, g) \cdot \xi_e$$

Portons ces résultats dans l'expression de la constante d'équilibre :

$$K = \frac{P\,(M)_e^m}{P\,(A)_e^a \cdot P\,(C)_e^c}\,\frac{1}{(P^\circ)^{m-a-c}} = \frac{x\,(M)_e^m}{x\,(A)_e^a \cdot x\,(C)_e^c}\left(\frac{P}{P^\circ}\right)^{m-a-c}$$

$$x\,(A)_e = \frac{n_0(A) - a \cdot \xi_e}{n_T}\;;\quad x\,(C)_e = \frac{n_0(C) - c \cdot \xi_e}{n_T}\;;\quad x\,(M)_e = \frac{m \cdot \xi_e}{n_T}.$$

D'où :

$$\frac{(m\xi_e)^m\left[n_0(A) + n_0(C) + (m - a - c) \cdot \xi_e\right]^{a+c-m}}{\left[n_0(A) - a \cdot \xi_e\right]^a \cdot \left[n_0(C) - c \cdot \xi_e\right]^c} \cdot \left[\frac{P}{P^\circ}\right]^{m-a-c} = K$$

Connaissant la constante d'équilibre K et la pression totale P, il est possible de calculer ξ_e, puisque le développement de l'expression ci-dessus conduit à une équation polynomiale, de degré (a + c) en ξ_e.

Exemple : soit la réaction équilibrée :

$$CO(g) + H_2O(g) \rightleftharpoons CO_2(g) + H_2(g)$$

Etat initial : $n_0(CO) = n_0$ et $n_0(H_2O) = n_0'$

A l'équilibre : $n\,(CO) = n_0 - \xi_e$

$$n(H_2O) = n_0' - \xi_e$$
$$n(CO_2) = n(H_2) = \xi_e$$

La quantité totale de corps gazeux est invariante dans ce cas particulier. On constate, en effet, que $n_T = n_0 + n_0'$.

Fractions molaires :

- des réactifs : $x(CO)_e = \dfrac{n_0 - \xi_e}{n_0 + n_0'}$ et $x(H_2O)_e = \dfrac{n_0' - \xi_e}{n_0 + n_0'}$

- des produits : $x(CO_2)_e = x(H_2)_e = \dfrac{\xi_e}{n_0 + n_0'}$

$$K = \frac{x(CO_2)_e \cdot x(H_2)_e}{x(CO)_e \cdot x(H_2O)_e} = \frac{\xi_e^2}{(n_0 - \xi_e)\cdot(n_0' - \xi_e)}$$

$$(1 - K)\cdot\xi_e^2 + K\cdot(n_0 + n_0')\cdot\xi_e - n_0\cdot n_0'\cdot K = 0$$

Dans cet exemple, on aboutit, donc, à une équation du deuxième degré, qui (selon la valeur numérique de K) peut avoir :

- Soit une racine négative et l'autre positive (c'est cette dernière que l'on conserve).

- Soit deux racines positives, mais l'une des deux est à rejeter, car elle est supérieure à n_0 ou à n_0'.

On notera que, dans le cas particulier de cet exemple, la composition du système à l'équilibre est indépendante de la pression.

3.2 Utilisation de la fraction consommée de l'un des réactifs

Cette méthode de calcul n'est à conseiller que lorsqu'il n'y a qu'un seul réactif gazeux ou en solution, ou que les réactifs sont dans les proportions stœchiométriques. Elle implique également l'absence initiale de tout produit.

Les réactifs A et C sont dans les proportions stœchiométriques si :

$$\frac{n_0(A)}{n_0(C)} = \frac{a}{c}$$

C'est dans ce cas que nous nous plaçons.

Désignons par α la fraction consommée de A :

$$\alpha = \frac{n_0(A) - n(A)}{n_0(A)}$$

Quand l'équilibre est atteint, α prend la valeur α_e et donc, à l'équilibre, la quantité de corps A est :

$$n(A) = n_0(A) \cdot [1 - \alpha_e]$$

La comparaison de cette expression avec celle fournissant $n(A)$ en fonction de l'avancement permet de relier α_e et ξ_e.

En effet :

$$n(A) = n_0(A) - a \cdot \xi_e$$

ce qui entraîne :

$$\alpha_e = \frac{a \cdot \xi_e}{n_0(A)}$$

Il en résulte pour les autres constituants à l'équilibre :

$$n(C) = n_0(C) - c \cdot \xi_e = n_0(C) - \frac{c}{a} \cdot n_0(A) \cdot \alpha_e$$

mais $\frac{c}{a} \cdot n_0(A) = n_0(C)$

donc $n(C) = n_0(C) \cdot [1 - \alpha_e] = \frac{c}{a} \cdot n_0(A) [1 - \alpha_e]$

$$n(M) = m \cdot \xi_e = \frac{m}{a} \cdot n_0(A) \cdot \alpha_e$$

Pour le solide :

$$n(L) = l \cdot \xi_e = \frac{l}{a} \cdot n_0(A) \cdot \alpha_e$$

Quantité totale des corps gazeux :

$$n_T = \frac{n_0(A)}{a} \cdot [(a + c) \cdot (1 - \alpha_e) + m \cdot \alpha_e]$$

Fraction molaire de chaque constituant de la phase gazeuse :

$$x(A)_e = \frac{a \cdot (1 - \alpha_e)}{(a + c) \cdot (1 - \alpha_e) + m \cdot \alpha_e}$$

$$x(C)_e = \frac{c \cdot (1 - \alpha_e)}{(a + c) \cdot (1 - \alpha_e) + m \cdot \alpha_e}$$

$$x(M)_e = \frac{m \cdot \alpha_e}{(a + c) \cdot (1 - \alpha_e) + m \cdot \alpha_e}$$

On constate que, dans cette méthode de calcul, les quantités initiales des réactifs $n_0(A)$ et $n_0(C)$ n'apparaissent plus dans l'expression des fractions molaires.

Il ne reste plus qu'à porter ces résultats dans l'expression de la constante d'équilibre.

$$\frac{(m\alpha_e)^m}{[a.(1-\alpha_e)]^a.[c.(1-\alpha_e)]^c}.\left[\frac{P}{[(a+c).(1-\alpha_e)+m.\alpha_e].P°}\right]^{m-a-c}=K$$

On obtient, donc, une expression polynomiale en α_e.

Exemple : reprenons l'exemple précédent :

$$CO(g) + H_2O(g) \rightleftharpoons CO_2(g) + H_2(g)$$

mais avec, cette fois, comme état initial : $n_0(CO) = n_0(H_2O) = n_0$.

A l'équilibre :

$$n(CO) = n(H_2O) = n_0.(1 - \alpha_e)$$

$$n(CO_2) = n(H_2) = n_0.\alpha_e$$

$$n_T = 2\,n_0$$

$$\frac{\alpha_e^2}{(1-\alpha_e)^2} = K$$

On aboutit à une équation du deuxième degré en α_e :

$$(1-K).\alpha_e^{\,2} + 2\,K.\alpha_e - K = 0$$

Une seule racine a une signification physique : $0 < \alpha_e < 1$.

4 Equilibre de dissociation d'un électrolyte en solution aqueuse

4.1 Electrolyte

Un électrolyte est un composé susceptible de se dissocier en ions positifs (cations) et négatifs (anions), quand il est dissous dans un solvant polaire, et en particulier dans l'eau.

Exemples :

$$NaNO_3(aq) = Na^+(aq) + NO_3^-(aq)$$

$$FeCl_3(aq) = Fe^{3+}(aq) + 3\,Cl^-(aq)$$

$$KOH(aq) = K^+(aq) + OH^-(aq)$$

La dissociation peut être totale ou partielle.

Si la dissociation est totale :

$$AB(aq) \longrightarrow A^-(aq) + B^+(aq)$$

l'électrolyte est dit **fort**.

Si la dissociation n'est que partielle (électrolyte **faible**), il y a équilibre entre la molécule non dissociée et les ions :

$$AB(aq) \rightleftharpoons A^-(aq) + B^+(aq)$$

Cet équilibre est caractérisé par une constante de dissociation :

$$\frac{[c\,(A^-)_e\,/c\,°]\cdot[c\,(B^+)_e\,/c\,°]}{c\,(AB)_e\,/c\,°} = K$$

4.2 Loi de dilution d'Ostwald

Le système étant à l'équilibre, provoquons une dilution par ajout d'eau. Les concentrations des trois espèces présentes diminuent toutes dans le même rapport :

$$c\,(A^-) = \alpha\cdot c\,(A^-)_e\ ;\ c\,(B^+) = \alpha\cdot c\,(B^+)_e \ \text{ et } c\,(AB) = \alpha\cdot c\,(AB)_e$$

avec $0 < \alpha < 1$.

On a :

$$\pi = \frac{[c\,(A^-)\,/c\,°].[c\,(B^+)\,/c\,°]}{c\,(AB)\,/c\,°} = \frac{\alpha\cdot[c\,(A^-)_e\,/c\,°].[c\,(B^+)_e\,/c\,°]}{c\,(AB)_e\,/c\,°} = \alpha\cdot K$$

et donc $\pi < K$. Le $\Delta_r G_m$ de la réaction de dissociation devient négatif : le système évolue dans le sens d'une augmentation de la dissociation.

La dilution augmente la dissociation d'un électrolyte faible

C'est la **loi de dilution d'Ostwald.**

Ainsi tout électrolyte tend vers l'état d'électrolyte fort quand la dilution augmente.

NB : Ce chapitre étant indissociable de celui qui lui fait suite, les exercices sont regroupés à la fin du chapitre 4.

4. *Déplacements des équilibres*

Nous avons vu qu'à une température et une pression données, un système peut évoluer chimiquement, jusqu'à ce que sa fonction enthalpie libre atteigne une valeur minimum.

La fonction enthalpie libre d'un système chimique est fonction de la pression, de la température et des quantités n(B) de chacun des constituants de ce système. Si on modifie l'un de ces paramètres, la fonction G du système prend une nouvelle valeur, qui n'est plus un minimum. Le système évolue donc chimiquement afin d'atteindre un nouvel état d'équilibre : compte tenu de la nouvelle valeur de P, T ou n(B), la composition du système à ce nouvel équilibre n'est plus celle de l'équilibre initial. On dit que **l'équilibre s'est déplacé**. Ce déplacement peut s'effectuer de gauche à droite (sens 1) ou de droite à gauche (sens 2). Nous allons voir qu'il est possible de **prévoir** le sens du déplacement sans qu'il soit nécessaire d'effectuer des calculs.

1 Influence d'une modification de la température

Nous raisonnerons ici sur un système constitué de gaz et de solides, mais les résultats s'étendent facilement à tout équilibre :

$$\mathrm{aA(g) + cC(g) \rightleftharpoons lL(s) + mM(g)}$$

Dans le cas d'une modification de la température, la valeur de la constante d'équilibre se trouve changée, comme le montre l'équation de Van't Hoff :

$$\frac{\mathrm{d}\ln K}{\mathrm{d}T} = \frac{\Delta_\mathrm{r}H_\mathrm{m}{}^\circ}{RT^2}$$

- Si la réaction envisagée dans le sens 1 est endothermique ($\Delta_\mathrm{r}H_\mathrm{m}{}^\circ > 0$), l'équation de Van't Hoff montre que ($\mathrm{d}\ln K/\mathrm{d}T$) > 0. Donc, K est une fonction croissante de la température. La relation :

$$K = \frac{P(\mathrm{M})_\mathrm{e}^\mathrm{m}}{P(\mathrm{A})_\mathrm{e}^\mathrm{a}.P(\mathrm{C})_\mathrm{e}^\mathrm{c}}.(P^\circ)^{\mathrm{a+c-m}}$$

montre qu'une croissance de K provoque une augmentation de $P(\mathrm{M})_\mathrm{e}$ et une diminution de $P(\mathrm{A})_\mathrm{e}$ et $P(\mathrm{C})_\mathrm{e}$: l'équilibre se déplace dans le sens 1.

- Si la réaction envisagée dans le sens 1 est exothermique ($\Delta_r H_m{}^\circ < 0$), l'équation de Van't Hoff montre que ($d \ln K / dT$) < 0. Donc, K est une fonction décroissante de la température. L'équilibre se déplace donc dans le sens 2 (c'est-à-dire le sens de la réaction endothermique).

Ces résultats peuvent se résumer de la façon suivante :

Une élévation de température déplace un équilibre chimique dans le sens de la réaction endothermique.

2 Influence d'une modification de la pression

Une modification de la pression est **sans effet sur la constante thermodynamique** K, mais elle peut influer sur la valeur de la constante K_x.

Pour modifier la pression, on peut :

- soit ajouter un gaz chimiquement inactif vis-à-vis des constituants du système,
- soit modifier le volume (compression ou détente).

2.1 Adjonction d'un gaz chimiquement inerte vis-à-vis du système

La pression totale augmente, mais les pressions partielles des produits et réactifs ne sont pas modifiées et vérifient toujours l'égalité :

$$\frac{P(\mathrm{M})^{\mathrm{m}}}{P(\mathrm{A})^{\mathrm{a}}.P(\mathrm{C})^{\mathrm{c}}}.(P^\circ)^{\mathrm{a}+\mathrm{c}-\mathrm{m}} = K$$

Il n'y a donc, dans ce cas, aucun déplacement de l'équilibre.

2.2 Modification du volume du système

Dans ce cas, il y a modification de toutes les pressions partielles.

Partons du système à l'équilibre :

$$K = \frac{x(\mathrm{M})_{\mathrm{e}}^{\mathrm{m}}}{x(\mathrm{A})_{\mathrm{e}}^{\mathrm{a}}.x(\mathrm{C})_{\mathrm{e}}^{\mathrm{c}}}.\left(\frac{P}{P^\circ}\right)^{\mathrm{m}-\mathrm{a}-\mathrm{c}} = K_x.\left(\frac{P}{P^\circ}\right)^{\mathrm{m}-\mathrm{a}-\mathrm{c}}$$

ou : $$K_x = K.\left(\frac{P}{P^\circ}\right)^{\mathrm{a}+\mathrm{c}-\mathrm{m}} = K.\left(\frac{P}{P^\circ}\right)^{-\Sigma\nu(\mathrm{B,g})}$$

Envisageons une augmentation de la pression : l'influence de cette augmentation sur K_x dépend du signe de $\Sigma\,\nu(B,g) = m - a - c$. En effet :

- Si $\Sigma\,\nu(B,g) > 0$: l'augmentation de pression diminue K_x et il en résulte une diminution de la fraction molaire de M et une augmentation de celles de A et C : le déplacement s'effectue dans le sens 2.

Le fait que $\Sigma\,\nu(B,g)$ soit positif signifie qu'il y aurait augmentation de la quantité de gaz si l'équilibre se déplaçait dans le sens 1. Or, c'est l'inverse que provoque une augmentation de pression.

- Si $\Sigma\,\nu(B,g) < 0$: l'augmentation de pression augmente K_x et il en résulte une élévation de la fraction molaire de M et une diminution de celles de A et C : le déplacement s'effectue dans le sens 1, correspondant, cette fois, à une diminution de la quantité de gaz.

Ces résultats peuvent se résumer de la façon suivante :

Une augmentation de pression déplace un équilibre chimique dans le sens de la diminution de la quantité de gaz.

Une diminution de la pression produit, bien évidemment, l'effet contraire.

3 Adjonction ou enlèvement d'un des constituants du système

Si l'adjonction d'un constituant est facilement réalisable, l'enlèvement nécessite la mise en œuvre de moyens spécifiques à chaque équilibre : on peut, par exemple, consommer chimiquement l'un des constituants du système en faisant intervenir un composé qui réagit avec lui.

Reprenons l'équilibre vu précédemment :

$$aA(g) + cC(g) \rightleftharpoons lL(s) + mM(g)$$

Rappelons que l'expression :

$$\Delta_r G_m = \Delta_r G_m{}^\circ + R{\cdot}T{\cdot}\ln \pi$$

avec : $$\pi = \frac{P(M)^m}{P(A)^a.P(C)^c}.(P^\circ)^{a+c-m}$$

montre que l'équilibre est réalisé ($\Delta_r G_m = 0$) pour $\pi = K$.

$$K = \frac{P_e(M)^m}{P_e(A)^a . P_e(C)^c} . (P°)^{a+c-m}$$

3.1 Adjonction ou enlèvement d'un corps solide (ici L)

Comme nous l'avons déjà vu, un corps solide, pur, intervient dans l'expression de $\Delta_r G_m°$, mais pas dans celle de π. En outre, ce corps solide n'intervient dans l'expression de $\Delta_r G_m°$ que par son *enthalpie libre molaire de référence* $G_m°$(L) et non pas par *sa quantité* n (L). Il en résulte que l'adjonction ou l'enlèvement de ce corps solide L ne provoque aucun déplacement de l'équilibre.

3.2 Adjonction ou enlèvement d'un constituant du mélange gazeux ou liquide

Pour tous les corps gazeux, nous allons faire intervenir la concentration (comme cela a été fait pour exprimer K_c) :

$$P\,(B, g) = R{\cdot}T{\cdot}c\,(B, g)$$

A l'équilibre, les concentrations ont des valeurs particulières (concentrations à l'équilibre), telles que :

$$\frac{P_e(M)^m}{P_e(A)^a . P_e(C)^c} . (P°)^{a+c-m} = \frac{c_e(M)^m}{c_e(A)^a . c_e(C)^c} . \left(\frac{R.T}{P°}\right)^{m-a-c} = K$$

Si on ajoute un réactif, par exemple A, la concentration de A augmente :

$$c\,(A) > c_e(A)$$

Il en résulte que π cesse d'être égal à K : $\pi < K$

La relation $\Delta_r G_m = R.T.\ln \frac{\pi}{K}$ montre que $\Delta_r G_m$ est négatif : l'équilibre se déplace dans le sens 1, qui est le sens dans lequel est consommé le réactif A ajouté.

Si on ajoute un produit (ici M) : c (M) > c_e(M) et, donc $\pi < K$ et $\Delta_r G_m$ devient positif : l'équilibre se déplace dans le sens 2, qui est le sens dans lequel est consommé le produit M ajouté.

Ces résultats peuvent se résumer de la façon suivante :

L'adjonction d'un constituant, autre qu'un solide ou un liquide non miscible avec les autres constituants du système, déplace un équilibre chimique dans le sens de la consommation du constituant ajouté.

Illustrons ce résultat par deux exemples :

Exemple A

$$C(s) + CO_2(g) \underset{2}{\overset{1}{\rightleftharpoons}} 2\ CO(g)$$

- l'adjonction de $CO_2(g)$ déplace l'équilibre dans le sens 1,
- l'adjonction de $CO(g)$ déplace l'équilibre dans le sens 2,
- l'adjonction de $C(s)$ ne provoque aucun déplacement de l'équilibre.

Exemple B

$$CH_3CO_2H(sln) + C_2H_5OH(sln) \underset{2}{\overset{1}{\rightleftharpoons}} CH_3CO_2C_2H_5(sln) + H_2O(sln)$$

- l'addition d'acide acétique ou d'éthanol déplace l'équilibre dans le sens 1.

- l'adjonction d'eau ou d'acétate d'éthyle déplace l'équilibre dans le sens 2.

4 Loi de Le Chatelier

Rassemblons les résultats obtenus :

- Quand on élève la température, l'équilibre est déplacé dans le sens endothermique : on peut dire que le système absorbe de la chaleur pour *s'opposer* à l'élévation de température.

- Quand on augmente la pression, l'équilibre est déplacé dans le sens d'une réduction de la quantité de constituants gazeux. On peut dire que le système diminue sa quantité de gaz pour *s'opposer* à l'élévation de pression.

- Quand on ajoute un constituant, l'équilibre est déplacé dans le sens de la consommation de ce constituant. On peut dire que le système *s'oppose* à cet ajout de constituant en le consommant.

Tout cela peut être résumé dans la **loi de Le Chatelier** :

Quand on apporte une modification à un système en équilibre chimique, on observe un déplacement de l'équilibre dans le sens qui permet au système de *s'opposer* à cette modification.

5 Enoncés des exercices corrigés

Les solutions de ces exercices sont fournies dans le paragraphe 6.

Exercice 3/4.1

Etude de la réaction équilibrée :

$$CaCO_3(s) \rightleftharpoons CaO(s) + CO_2(g)$$

L'enthalpie libre molaire de réaction de référence prend les valeurs :
$\Delta_r G_m° = 58{,}00$ kJ mol^{-1} à 750 K et $\Delta_r G_m° = 46{,}82$ kJ mol^{-1} à 820 K .

La masse molaire de $CaCO_3$ est de l'ordre de 100 g mol^{-1} et celle de CaO est de l'ordre de 56 g mol^{-1}.

1/ Calculer les valeurs de la constante d'équilibre aux températures 750 et 820 K.

2/ Calculer l'enthalpie molaire de réaction dans le domaine de température considéré.

3/ A la température 750 K, on enferme dans un réacteur 380 g de $CaCO_3$ et 270 g de CaO et on établit la pression de CO_2 à la valeur $P(CO_2)$ = 120 Pa. Quelle est la réaction chimique qui peut se produire ? Justifier la réponse.

Exercice 3/4.2

Pour la réaction :

$$CO(g) + Cl_2(g) = COCl_2(g)$$

l'enthalpie et l'entropie molaires de réaction de référence sont, à 298 K :

$$\Delta_r H_m° = -112{,}5 \text{ kJ mol}^{-1} \text{ et } \Delta_r S_m° = -131{,}6 \text{ J K}^{-1} \text{ mol}^{-1}.$$

1/ Calculer la valeur de la constante d'équilibre K à 298 K.

2/ Comment se déplace l'équilibre si on augmente :

a : la température ?

b : la pression ?

Justifier les réponses.

3/ En admettant que $\Delta_r H_m°$ demeure constant dans le domaine de température compris entre 298 et 630 K, calculer la valeur de la constante d'équilibre K à 630 K.

4/ Dans un récipient clos, maintenu à 630 K, on introduit 2,00 moles de CO et 2,00 moles de Cl_2. Quand l'équilibre est atteint, la pression est égale à $0{,}750.10^4$ Pa. Calculer la quantité de chacun des constituants du mélange gazeux à l'équilibre.

Exercice 3/4.3

Soit la réaction :

$$Fe\ (s) + CO_2\ (g) \rightleftharpoons FeO\ (s) + CO\ (g)$$

Quand l'équilibre chimique est réalisé à 280 K, les pressions partielles des gaz sont : $P_e(CO_2) = 1{,}390.10^5$ Pa et $P_e(CO) = 0{,}830.10^5$ Pa.

1/ Calculer la valeur de la constante d'équilibre à 280 K.

2/ Sachant que la constante d'équilibre croît quand on élève la température, indiquer si la réaction est endothermique ou exothermique. Justifier la réponse.

3/ Dans un récipient de 10,0 dm^3, on introduit 2,50 moles de fer et du dioxyde de carbone sous une pression de $1{,}80.10^5$ Pa, à 280 K. Calculer :

a : la pression partielle de chacun des gaz à l'équilibre,

b : les quantités de fer et de monoxyde de fer à l'équilibre.

Exercice 3/4.4

Soit la réaction :

$$PCl_3(g) + Cl_2(g) \rightleftharpoons PCl_5(g)$$

A 500K, on introduit dans le réacteur 1,00 mole de PCl_3 et 2,50 moles de Cl_2. Quand l'équilibre chimique est atteint, la pression dans le réacteur est $1{,}60.10^5$ Pa et il s'est formé 0,608 mole de PCl_5.

1/ Calculer la valeur de la constante d'équilibre K de cette réaction à 500 K.

2/ Calculer la valeur de l'enthalpie libre molaire de réaction de référence, à 500 K.

3/ On introduit dans le réacteur 2,00 moles de PCl_3 et 2,00 moles de Cl_2. La température est maintenue constante et égale à 500 K. Calculer l'avancement de la réaction à l'équilibre sachant que la pression est égale à $1{,}50.10^5$ Pa

Exercice 3/4.5

Soit la réaction de décomposition thermique du sulfure d'ammonium :

$$(NH_4)_2S(s) \rightleftharpoons H_2S(g) + 2\ NH_3(g)$$

En désignant par P_e la pression du mélange gazeux (ne contenant que H_2S et NH_3) quand l'équilibre chimique est atteint, établir l'expression qui lie K (constante de l'équilibre) à P_e.

Exercice 3/4.6

Etude de la réaction à 100 °C, en phase liquide :

$$C_5H_{10}(l) + CCl_3CO_2H(l) \rightleftharpoons CCl_3CO_2C_5H_{11}(l)$$

1/ Sachant que lorsqu'on mélange 2,150 moles de pentène et 1,000 mole d'acide trichloroacétique, on obtient à l'équilibre 0,762 mole de trichloroacétate de pentyle, calculer la valeur de la constante d'équilibre (ici $K = K_x$).

2/ Quelle quantité de trichloroacétate de pentyle obtient-on si on fait réagir à 100 °C 7,130 moles de pentène avec 1,000 mole d'acide trichloroacétique ?

3/ Préciser l'état d'équilibre du système quand on part de 3,500 moles de trichloroacétate de pentyle à 100 °C.

6 Corrigés des exercices

Exercice 3/4.1

Réaction : $$CaCO_3(s) \rightleftharpoons CaO(s) + CO_2(g)$$

1/ Calcul de K à deux températures :

$$\Delta_r G_m° = - R \cdot T \cdot \ln K$$

A 750 K : $58{,}00 = - 8{,}314.10^{-3} \times 750 \times \ln K\ (750)$ d'où :

$$K = 9{,}128.10^{-5}.$$

A 820 K : $46{,}82 = - 8{,}314.10^{-3} \times 820 \times \ln K\ (820)$ d'où :

$$K = 1{,}041.10^{-3}.$$

2/ Calcul de la valeur moyenne de $\Delta_r H_m°$ dans le domaine de température considéré :

On intègre l'équation de Van't Hoff en considérant $\Delta_r H_m°$ constant :

$$\int_{\ln K(T_1)}^{\ln K(T_2)} d \ln K = \int_{T_1}^{T_2} \frac{\Delta_r H_m°}{RT^2} . dT$$

$$\ln K(T_2) = \ln K(T_1) - \frac{\Delta_r H_m°}{R} \left[\frac{1}{T_2} - \frac{1}{T_1}\right]$$

$$\ln 1{,}041.10^{-3} = \ln 9{,}128.10^{-5} - \frac{\Delta_r H_m°}{8{,}314} \left[\frac{1}{820} - \frac{1}{750}\right]$$

$$\Delta_r H_m{}^\circ = 1{,}778.10^5 \text{ J mol}^{-1} = 177{,}8 \text{ kJ mol}^{-1}.$$

3/ Sens de réaction :

Pour la réaction considérée, $\pi = \dfrac{P\,(CO_2)}{P^\circ}$ et $K = \dfrac{P\,(CO_2)_e}{P^\circ}$

$$\pi = 1{,}20.10^{-3}. \text{ et } K = 9{,}128.10^{-5}.$$

Donc :
$$\Delta_r G_m = R.T.\ln\frac{\pi}{K} > 0$$

La réaction chimique qui peut se produire est la formation de carbonate de calcium par action du dioxyde de carbone sur l'oxyde de calcium.

Les quantités des deux constituants solides n'ont aucune influence sur l'équilibre.

Exercice 3/4.2

Réaction : $CO(g) + Cl_2(g) \rightleftharpoons COCl_2(g)$

1/ Calcul de la constante d'équilibre à 298 K :

$$\ln K = -\frac{\Delta_r G_m{}^\circ}{R.T} = -\frac{\Delta_r H_m{}^\circ}{R.T} + \frac{\Delta_r S_m{}^\circ}{R}$$

$$\ln K = \frac{112{,}5.10^3}{8{,}314 \times 298} - \frac{131{,}6}{8{,}314}$$

$$K = 7{,}01.10^{12}$$

2/ Déplacements de l'équilibre :

a : Si on augmente la température :

Le déplacement ne peut se produire que dans le sens de la réaction endothermique, donc dans le sens de la décomposition de $COCl_2$.

b : Si on augmente la pression :

Le déplacement ne peut se produire que dans le sens d'une diminution de la quantité de gaz, donc dans celui de la formation de $COCl_2$.

3/ Calcul de la valeur de la constante d'équilibre à 630 K :

$$\frac{d\ln K}{dT} = \frac{\Delta_r H_m{}^\circ}{R.T^2}$$

$$\ln K\,(630) = \ln K\,(298) + \frac{112{,}5.10^3}{8{,}314} \times \left(\frac{1}{630} - \frac{1}{298}\right)$$

$$K\,(630) = 284$$

4/ Système à l'équilibre :

$$CO(g) + Cl_2(g) \rightleftharpoons COCl_2(g)$$

	$CO(g)$	$Cl_2(g)$	$COCl_2(g)$
Quantités initiales :	n_o	n_o	0
Quantités à l'équilibre :	$n_o - \xi_e$	$n_o - \xi_e$	ξ_e

avec $n_o = 2{,}00$ mol et ξ_e = avancement à l'équilibre.

Quantité totale de gaz à l'équilibre :

$$n\,(CO) + n\,(Cl_2) + n\,(COCl_2) = 2 \cdot n_o - \xi_e$$

Fraction molaire de chaque constituant à l'équilibre :

$$x\,(CO)_e = x\,(Cl_2)_e = \frac{n_o - \xi_e}{2.n_o - \xi_e} \;;\; x\,(COCl_2)_e = \frac{\xi_e}{2.n_o - \xi_e}$$

$$K = \frac{P_e(COCl_2)\,/P°}{(P_e(CO)\,/P°).(P_e(Cl_2)\,/P°)} = \frac{x_e\,(COCl_2)}{x_e\,(CO).x_e\,(Cl_2)}.\frac{P°}{P}$$

avec P = pression totale.

Posons : $K' = K \cdot P\,/\,P°$. Il vient :

$$K' = \frac{\xi_e\,.(2.n_o - \xi_e)}{(n_o - \xi_e)^2}$$

$$(K' + 1) \cdot \xi_e^2 - 2 \cdot (K' + 1) \cdot n_o \cdot \xi_e + K' \cdot n_o^2 = 0$$

Ici : $$K' = 284 \times \frac{0{,}75.10^4}{10^5} = 21{,}3$$

La résolution fournit $\xi_e = 1{,}58$ mol (l'autre racine est à rejeter, puisque supérieure à n_o).

Et on obtient finalement : $n\,(CO) = n\,(Cl_2) = 2{,}00 - 1{,}58 = 0{,}42$ mol et $n\,(COCl_2) = 1{,}58$ mol.

Exercice 3/4.3

Réaction : $$Fe(s) + CO_2(g) \rightleftharpoons FeO(s) + CO(g)$$

1/ Constante d'équilibre à 280 K :

$$K = \frac{P_e(CO)\,/P°}{P_e(CO_2)\,/P°} = \frac{P_e(CO)}{P_e(CO_2)}$$

$$K = \frac{0{,}830.10^5}{1{,}390.10^5} = 0{,}597$$

2/ Signe de $\Delta_r H_m°$:

$$\frac{\mathrm{d}\ln K}{\mathrm{d}T} = \frac{\Delta_r H_m°}{R.T^2}$$

Si K augmente quand la température s'élève, la dérivée de ln K par rapport à T est positive, ce qui implique que l'enthalpie molaire de réaction soit positive.

La réaction est endothermique.

3/ Etude du système à l'équilibre :

a : Pressions partielles des gaz à l'équilibre :

Dans ce processus, la pression reste constante. A l'équilibre, on a donc :

$$P_e(CO_2) = P_0(CO_2) - \Delta P \quad \text{et } P_e(CO) = \Delta P$$

en désignant par $P_0(CO_2)$ la pression initiale de dioxyde de carbone.

$$\frac{\Delta P}{P_0(CO_2) - \Delta P} = K \quad \text{et donc :} \quad \Delta P = \frac{K.P_0(CO_2)}{K+1}$$

$$\Delta P = \frac{0{,}597 \times 1{,}80.10^5}{0{,}597 + 1} = 0{,}673.10^5 \text{ Pa}$$

$$P_e(CO) = 0{,}673.10^5 \text{ Pa et } P_e(CO_2) = 1{,}13.10^5 \text{ Pa}$$

b : Quantités de fer et de monoxyde de fer à l'équilibre :

$$Fe(s) + CO_2(g) \rightleftharpoons FeO(s) + CO(g)$$

	Fe (s)	CO_2 (g)	FeO (s)	CO (g)
Etat initial :	n_0	n_0'	0	0
Equilibre :	$n_0 - \xi_e$	$n_0' - \xi_e$	ξ_e	ξ_e

$$P_e(CO) = \frac{\xi_e.R.T}{V} \quad \text{et donc : } \xi_e = \frac{V.P_e(CO)}{R.T}$$

$$\xi_e = \frac{10{,}0.10^{-3} \times 0{,}673.10^5}{8{,}314 \times 280} = 0{,}289 \text{ mol}$$

$$n_e(FeO) = \xi_e = 0{,}289 \text{ mol} ; \; n_e(Fe) = n_0 - \xi_e = 2{,}21 \text{ mol.}$$

Exercice 3/4.4

Réaction : $PCl_3(g) + Cl_2(g) \rightleftharpoons PCl_5(g)$

1/ Constante d'équilibre à 500 K :

A l'état initial :

$n_0(PCl_3) = n_0 = 1{,}00$ mol ; $n_0(Cl_2) = n_0' = 2{,}50$ mol ; $n_0(PCl_5) = 0$.

A l'équilibre :

$n_e(PCl_3) = n_0 - \xi_e$; $n_e(Cl_2) = n_0' - \xi_e$; $n_e(PCl_5) = \xi_e$, avec $\xi_e = 0{,}608$ mol.

$$K = \frac{P_e(PCl_5)/P°}{[P_e(PCl_3)/P°].[P_e(Cl_2)/P°]} = \frac{P_e(PCl_5).P°}{P_e(PCl_3).P_e(Cl_2)}$$

Les pressions partielles des gaz peuvent être exprimées en fonction des fractions molaires des constituants à l'équilibre :

$P_e(PCl_3) = y_e(PCl_3)\cdot P$; $P_e(Cl_2) = y_e(Cl_2)\cdot P$; $P_e(PCl_5) = y_e(PCl_5)\cdot P$

avec :

$$y_e(PCl_5) = \frac{n_e(PCl_5)}{n_e(PCl_3) + n_e(Cl_2) + n_e(PCl_5)} = \frac{\xi_e}{n_0 + n_0' - \xi_e}$$

De même : $y_e(PCl_3) = \dfrac{n_0 - \xi_e}{n_0 + n_0' - \xi_e}$ et $y_e(Cl_2) = \dfrac{n_0' - \xi_e}{n_0 + n_0' - \xi_e}$

Donc :

$$K = \frac{y_e(PCl_5).P°}{y_e(PCl_3).y_e(Cl_2).P} = \frac{\xi_e\cdot(n_0 + n_0' - \xi_e)}{(n_0 - \xi_e)\cdot(n_0' - \xi_e)}.\frac{P°}{P}$$

$$K = \frac{0{,}608 \times (1{,}00 + 2{,}50 - 0{,}608)}{(1{,}00 - 0{,}608) \times (2{,}50 - 0{,}608)} \times \frac{10^5}{1{,}60.10^5} = 1{,}48$$

2/ Enthalpie libre molaire de réaction de référence, à 500 K :

$\Delta_r G_m° = -R\cdot T\cdot \ln K = -8{,}314.10^{-3} \times 500 \times \ln 1{,}48 = -1{,}63$ kJ mol^{-1}.

3/ Avancement à l'équilibre :

La relation établie dans la première question :

$$K = \frac{\xi_e\cdot(n_0 + n_0' - \xi_e)}{(n_0 - \xi_e)\cdot(n_0' - \xi_e)}.\frac{P°}{P}$$

s'applique ici, en se simplifiant puisque $n_0' = n_0$ (= 2,00 mol) :

$$K = \frac{\xi_e\cdot(2.n_0 - \xi_e)}{(n_0 - \xi_e)^2}.\frac{P°}{P}$$

On aboutit à une équation de degré deux en ξ_e

$$\xi_e^{\ 2} - 2 \cdot n_0 \cdot \xi_e + \frac{K \cdot (P / P°) \cdot n_0^2}{1 + K \cdot (P / P°)} = 0$$

$$\xi_e^{\ 2} - 4{,}00 \cdot \xi_e + 2{,}76 = 0$$

Les valeurs des racines sont : 3,11 et 0,89 mol. Seule cette dernière est acceptable (l'autre conduirait à une valeur négative pour $n_0 - \xi_e$).

Donc : $\xi_e = 0{,}89$ mol.

Exercice 3/4.5

Réaction : $(NH_4)_2S(s) \rightleftharpoons H_2S(g) + 2\ NH_3(g)$

A l'équilibre : $n_e(H_2S) = \xi_e$ et $n_e(NH_3) = 2 \cdot \xi_e$

Donc, la pression partielle de NH_3 à l'équilibre est le double de celle de H_2S. Par ailleurs, la pression totale P_e est la somme des pressions partielles. Le système des deux équations :

$$P_e(NH_3) = 2 \cdot P_e(H_2S)$$
$$P_e(NH_3) + P_e(H_2S) = P_e$$

conduit à :

$$P_e(H_2S) = \frac{P_e}{3} \quad \text{et} \quad P_e(NH_3) = \frac{2 \cdot P_e}{3}$$

D'où :

$$K = \frac{P_e(NH_3)}{P°} \cdot \left[\frac{P_e(H_2S)}{P°}\right]^2 = \frac{4}{27} \cdot \left[\frac{P_e}{P°}\right]^2$$

Exercice 3/4.6

Réaction : $C_5H_{10}(l) + CCl_3CO_2H(l) \rightleftharpoons CCl_3CO_2C_5H_{11}(l)$

1/ Constante d'équilibre :

A l'état initial :

$n_0(C_5H_{10}) = n_0 = 2{,}150$ mol, $n_0(CCl_3CO_2H) = n_0' = 1{,}000$ mol
et $n_0(CCl_3CO_2C_5H_{11}) = 0$.

A l'équilibre :

$n_e(C_5H_{10}) = n_0 - \xi_e$; $n_e(CCl_3CO_2H) = n_0' - \xi_e$; $n_e(CCl_3CO_2C_5H_{11}) = \xi_e$.

$$n_e(C_5H_{10}) + n_e(CCl_3CO_2H) + n_e(CCl_3CO_2C_5H_{11}) = n_0 + n_0' - \xi_e.$$

Les fractions molaires des constituants à l'équilibre sont donc :

$$x_e(C_5H_{10}) = \frac{n_0 - \xi_e}{n_0 + n_0' - \xi_e} \; ; \; x_e(CCl_3CO_2H) = \frac{n_0' - \xi_e}{n_0 + n_0' - \xi_e} \; ;$$

$$x_e(CCl_3CO_2C_5H_{11}) = \frac{\xi_e}{n_0 + n_0' - \xi_e}$$

En solution, la constante d'équilibre ($K = K_x$) est :

$$K = \frac{x_e(CCl_3CO_2C_5H_{11})}{x_e(C_5H_{10}) \cdot x_e(CCl_3CO_2H)}$$

Donc :

$$K = \frac{\xi_e \cdot (n_0 + n_0' - \xi_e)}{(n_0 - \xi_e) \cdot (n_0' - \xi_e)}$$

$$K = \frac{0{,}762 \times (2{,}15 + 1{,}00 - 0{,}762)}{(2{,}15 - 0{,}762) \cdot (1{,}00 - 0{,}762)} = 5{,}51$$

2/ Etude d'un nouvel état d'équilibre :

Nous avons maintenant :

$$n_0(C_5H_{10}) = n_0 = 7{,}130 \text{ mol}, \; n_0(CCl_3CO_2H) = n_0' = 1{,}000 \text{ mol}$$
$$\text{et } n_0(CCl_3CO_2C_5H_{11}) = 0.$$

La relation :

$$K = \frac{\xi_e \cdot (n_0 + n_0' - \xi_e)}{(n_0 - \xi_e) \cdot (n_0' - \xi_e)}$$

fournit alors :

$$(1 + K) \cdot \xi_e^2 - (1 + K) \cdot (n_0 + n_0') \cdot \xi_e + K \cdot n_0 \cdot n_0' = 0$$

$$6{,}51 \cdot \xi_e^2 - 52{,}93 \cdot \xi_e + 39{,}29 = 0$$

Les racines sont : 0,826 et 7,30 mol. La deuxième est inacceptable. Donc :

$$n(CCl_3CO_2C_5H_{11}) = 0{,}826 \text{ mol}.$$

3/ Etude d'un nouvel état d'équilibre, en effectuant la réaction inverse :

Cette fois, l'équilibre va être atteint en effectuant la réaction dans l'autre sens :

$$CCl_3CO_2C_5H_{11}(l) \rightleftharpoons C_5H_{10}(l) + CCl_3CO_2H(l)$$

La constante pour l'équilibre écrit dans ce sens est :

$$K' = \frac{x_e(C_5H_{10}).x_e(CCl_3CO_2H)}{x_e(CCl_3CO_2C_5H_{11})} = \frac{1}{K}$$

A l'état initial :

$n_0(CCl_3CO_2C_5H_{11}) = n_0 = 3{,}500$ mol, $n_0(C_5H_{10}) = 0$ et

$n_0(CCl_3CO_2H) = 0$.

A l'équilibre : nous sommes dans un cas approprié pour l'utilisation de la fraction consommée à l'équilibre α_e.

$$n_e(CCl_3CO_2C_5H_{11}) = n_0.(1 - \alpha_e)\ ,\ n_e(C_5H_{10}) = n_e(CCl_3CO_2H) = n_0.\alpha_e$$

$$n_e(CCl_3CO_2C_5H_{11}) + n_e(C_5H_{10}) + n_e(CCl_3CO_2H) = n_0.(1 + \alpha_e).$$

Les fractions molaires des constituants à l'équilibre sont :

$$x_e(CCl_3CO_2C_5H_{11}) = \frac{1 - \alpha_e}{1 + \alpha_e} \quad \text{et} \quad x_e(C_5H_{10}) = x_e(CCl_3CO_2H) = \frac{\alpha_e}{1 + \alpha_e}$$

$$K' = \frac{\alpha_e^2}{(1 - \alpha_e).(1 + \alpha_e)} = \frac{\alpha_e^2}{(1 - \alpha_e^2)}$$

$$\alpha_e = \sqrt{\frac{K'}{1 + K'}} = \sqrt{\frac{1}{1 + K}}$$

$$\alpha_e = \sqrt{\frac{1}{1 + 5{,}51}} = 0{,}392$$

Donc, les quantités des différents constituants du système à l'équilibre sont :

$$n_e(CCl_3CO_2C_5H_{11}) = 3{,}500 \times (1 - 0{,}392) = 2{,}13 \text{ mol}$$

$$n_e(C_5H_{10}) = n_e(CCl_3CO_2H) = 3{,}500 \times 0{,}392 = 1{,}37 \text{ mol.}$$

7 Exercices non résolus

Exercice 3/4.7

Pour la réaction ci-dessous effectuée à 1200 °C :

$$ZnO(s) + C(s) \rightleftharpoons Zn(g) + CO(g)$$

$$\Delta_r G_m^\circ\ (1473\ K) = -63{,}55\ kJ\ mol^{-1}.$$

1/ Calculer la constante d'équilibre K à 1200 °C.

2/ On part d'oxyde de zinc solide et de graphite. Calculer les valeurs des pressions partielles (exprimées en Pa) du zinc et du monoxyde de carbone quand l'équilibre est réalisé à 1200 °C.

Exercice 3/4.8

Pour la réaction :

$$C_2H_4(g) + H_2O(g) \rightleftharpoons C_2H_5OH(g)$$

l'enthalpie libre molaire de réaction de référence ($\Delta_r G_m°$) est égale à 9,873 kJ mol^{-1}, à 420 K. Par ailleurs, dans le domaine de température de 350 à 500 K, l'enthalpie molaire de réaction, de référence, peut être considérée comme constante. Sa valeur est : $\Delta_r H_m° = -40,17$ kJ mol^{-1}.

1/ Calculer la valeur de la constante d'équilibre K de cette réaction à 370 K.

2/ Calculer la quantité d'éthanol obtenue quand l'équilibre est atteint à 370 K, sous une pression maintenue égale à 1,50.10^5 Pa, si le mélange réactionnel initial contient 1,20 mole d'éthylène et 1,20 mole d'eau.

3/ Dans quel sens se déplace l'équilibre si :

a : on augmente la pression.

b : on augmente la température.

4/ De l'éthanol est maintenu à 370 K. Calculer la fraction dissociée de ce corps quand l'équilibre chimique est atteint, si la pression à laquelle est établi l'équilibre est :

a : 0,550.10^5 Pa.

b : 2,360.10^5 Pa.

Exercice 3/4.9

Pour la réaction :

$$Ca(OH)_2(s) \rightleftharpoons CaO(s) + H_2O(g)$$

on donne : $H_m°(Ca(OH)_2, s, 298\ K) = -986,6$ kJ mol^{-1}

$H_m°(CaO, s, 298\ K) = -635,5$ kJ mol^{-1}

$H_m°(H_20, g, 298\ K) = -241,8$ kJ mol^{-1}

$S_m°(Ca(OH)_2, s, 298\ K) = 76,1$ J K^{-1} mol^{-1}

$S_m°(CaO, s, 298\ K) = 39,7$ J K^{-1} mol^{-1}

$S_m°(H_2O, g, 298\ K) = 188,7$ J K^{-1} mol^{-1}.

1/ Calculer la valeur de la constante d'équilibre K à 298 K.

2/ Calculer la valeur de la constante d'équilibre K à 500 K, en admettant que l'enthalpie molaire de réaction de référence ($\Delta_r H_m°$) est constante dans ce domaine de température.

3/ Calculer les valeurs de la pression de la vapeur d'eau à l'équilibre, à 298 et 500 K.

Exercice 3/4.10

Pour la réaction en phase gazeuse :

$$I_2(g) + H_2(g) \rightleftharpoons 2\,IH(g)$$

on dispose des données suivantes à 720 K :

$\Delta_r H_m°(720\text{ K}) = -13{,}420\text{ kJ mol}^{-1}$,

$\Delta_r H_m°(720\text{ K}) = 14{,}85\text{ J K}^{-1}\text{ mol}^{-1}$.

1/ Calculer la valeur de l'enthalpie libre molaire de référence de la réaction à 720 K.

2/ Calculer la valeur de la constante d'équilibre à 720 K.

3/ Si le mélange réactionnel initial est constitué de 2,00 moles de I_2 et 2,00 moles de H_2, sous une pression totale de $1{,}50.10^5$ Pa, à 720 K, calculer la quantité de chaque constituant du mélange à l'équilibre chimique.

4/ Comment est modifié l'équilibre quand :

a : on augmente la température ?

b : on augmente la pression ?

c : on ajoute du dihydrogène à pression et température constantes ?

5/ Calculer la valeur de la constante d'équilibre à 750 K.

6/ Si le mélange réactionnel initial est constitué de 2,00 moles de I_2 et 4,00 moles de H_2, sous une pression totale de $1{,}50.10^5$ Pa, à 720 K, calculer la quantité de chaque constituant du mélange à l'équilibre chimique.

Exercice 3/4.11

Etude de l'équilibre :

$$PCl_5(g) = PCl_3(g) + Cl_2(g)$$

1/ Calculer, pour cette réaction, $\Delta_r H_m°$, $\Delta_r S_m°$, et $\Delta_r G_m°$ à 298 K, et en déduire la valeur de la constante d'équilibre K à la même température.

2/ Calculer la fraction dissociée (α_e) de PCl_5 à 298 K quand la pression à l'équilibre est :

a : $P_e = 1{,}00.10^5$ Pa.

b : $P_e = 3{,}00.10^5$ Pa.

Comparer les résultats obtenus ; vérifier qu'ils sont en accord avec le déplacement prévisible de l'équilibre sous l'effet d'une variation de pression.

3/ Calculer K à 350 K. Calculer la fraction dissociée de PCl_5 à cette température sous une pression de $1,00.10^5$ Pa, à l'équilibre. Comparer avec le résultat trouvé à 298 K.

Données numériques, à 298,15 K :

$\Delta_f H_m°(PCl_5, g) = -398,9$ kJ mol^{-1} ; $\Delta_f H_m°(PCl_3, g) = -306,4$ kJ mol^{-1} ; $S_m°(PCl_5, g) = 311,7$ J K^{-1} mol^{-1} ; $S_m°(PCl_3, g) = 352,7$ J K^{-1} mol^{-1} et $S_m°(Cl_2, g) = 222,9$ J K^{-1} mol^{-1}.

Exercice 3/4.12

Pour la réaction d'estérification de l'éthanol par l'acide acétique à 25 °C

$$C_2H_5OH(l) + CH_3CO_2H(l) = CH_3CO_2C_2H_5(l) + H_2O(l)$$

la constante d'équilibre ($K = K_x$) a été trouvée égale à 7,30.

Si on mélange 2,50 moles d'alcool et 1,75 mole d'acide, à 25 °C, calculer la quantité de chacun des réactifs et des produits présents dans le mélange quand l'équilibre chimique est atteint.

8 Résultats numériques des exercices non résolus

Exercice 3/4.7 **1/** $K = 1,793.10^2$. **2/** $P_e(Zn) = P_e(CO) = 1,34.10^6$ Pa.
Exercice 3/4.8 **1/** K (370 K) = 0,280. **2/** $n_e(C_2H_5OH) = 0,193$.
3/ a : sens de formation de l'éthanol. **b** : sens de dissociation de l'éthanol.
4/ a : $a_e = 0,931$. **b** : $a_e = 0,776$.
Exercice 3/4.9 **1/** K (298 K) = $6,26.10^{-12}$. **2/** K (500 K) = $3,44.10^{-4}$. **3/** $P_e(H_2O$, 298 K) = $6,26.10^{-7}$ Pa et $P_e(H_2O$, 500 K) = 34,4Pa.
Exercice 3/4.10 **1/** $\Delta_r G_m°(720$ K) = – 24,112 kJ mol^{-1}.
2/ K (720 K) = 56,15. **3/** $n_e(I_2) = n_e(H_2) = 0,42$ mol et $n_e(IH) = 3,16$ mol.
4/ a : sens de la dissociation de IH. **b** : pas de modification de l'équilibre. **c** : sens de la synthèse de IH. **5/** K (750 K) = 51,33. **6/** $n_e(I_2) = 0,12$ mol, $n_e(H_2) = 3,12$ mol et $n_e(IH) = 3,76$ mol.
Exercice 3/4.11 **1/** A 298 K : $\Delta_r H_m° = 92,5$ kJ mol^{-1},
$\Delta_r S_m° = 263,9$ J K^{-1} mol^{-1}, $\Delta_r G_m° = 13,9$ kJ mol^{-1} et $K = 3,66.10^{-3}$.
2/ a : $a_e = 6,04.10^{-2}$. **b** : $a_e = 3,49.10^{-2}$.
3/ A 350 K : $K = 0,939$ et $a_e = 0,696$.
Exercice 3/4.12 $n_e(CH_3CO_2H) = 0,28$ mol, $n_e(C_2H_5OH) = 1,03$ mol, $n_e(CH_3CO_2C_2H_5) = n_e(H_2O) = 1,47$ mol.

5. *Réactions et équilibres acido-basiques*

Dans ce qui suit, les systèmes considérés seront toujours des solutions aqueuses diluées. L'enthalpie libre molaire de chaque constituant de la solution sera exprimée en fonction de la concentration :

$$G_m(B) = G_m°(B) + R \cdot T \cdot \ln \frac{c\,(B)}{c\,°}$$

avec $G_m°(B)$ = enthalpie libre molaire de référence de B, c'est-à-dire à la concentration de référence ($c\,° = 1$ mol dm^{-3})

En conséquence, les constantes d'équilibre seront exprimées sous la forme :

$$K = \Pi\ [c\,(B)_e/c\,°]^{\nu(B)}$$

1 Acide et base

Nous nous limiterons à la théorie de Brønsted :

- Un **acide** est une espèce chimique susceptible de céder un proton.
- Une **base** est une espèce chimique susceptible de capter un proton.

Quand un acide AH cède un proton :

$$AH \text{ ----------> } A^- + H^+$$

il se transforme en une espèce chimique (A^-) susceptible d'accepter un proton, qui est donc une base suivant la définition de Brønsted.

De même, une base B qui capte un proton :

$$B + H^+ \text{ ---------> } BH^+$$

devient un donneur potentiel de proton, donc un acide.

On voit qu'à chaque acide correspond une base (AH/A^-) et à chaque base correspond un acide (B/BH^+) qui ne différent l'un de l'autre que par la présence ou l'absence d'un proton. On dit qu'ils forment des **couples acide-base conjugués**. Exemples :

HCl/Cl^-, $CH_3CO_2H/CH_3CO_2^-$, NH_4^+/NH_3, etc.

Pour qu'un acide cède un proton, il faut qu'il soit en présence d'une base qui capte ce proton. Donc, un couple acido-basique ne peut réagir que s'il est en présence d'un autre couple :

$$\text{acide 1} + \text{base 2} = \text{base 1} + \text{acide 2}$$

Une telle réaction peut être partielle (équilibre chimique) ou totale.

En solution aqueuse, l'eau intervient auprès d'un acide ou d'une base :

- En présence d'un acide, l'eau joue le rôle d'accepteur de proton :

$$AH + H_2O = A^- + H_3O^+$$

Dans ce cas, l'eau est une base. Le couple H_3O^+/H_2O est un couple acido-basique.

- En présence d'une base, l'eau joue le rôle de donneur de proton :

$$B + H_2O = B^+ + OH^-$$

Dans ce cas, l'eau est un acide. Le couple H_2O/OH^- est un couple acido-basique.

On traduit ce double comportement en disant que l'eau est un ampholyte. La dissociation de l'eau peut se justifier par ce caractère acide et basique :

$$\begin{array}{ccccccc} H_2O & + & H_2O & = & OH^- & + & H_3O^+ \\ \text{acide 1} & + & \text{base 2} & = & \text{base 1} & + & \text{acide 2} \end{array}$$

2 Force des acides et des bases

Plus un acide est fort, plus il a d'aptitude à céder un proton, et plus une base est forte, plus elle a d'aptitude à capter un proton.

Il résulte de cette notion de force qu'à un acide fort correspond une base conjuguée faible (faible aptitude à capter un proton). De même, plus une base est forte, plus son acide conjugué est faible.

Par un choix arbitraire, on assimile la force d'un couple acido-basique à la force de son acide.

Quand deux couples sont mis en présence :

$$\text{acide 1} + \text{base 2} = \text{base 1} + \text{acide 2}$$

on peut, à l'équilibre, écrire :

$$\frac{[c_e(\text{acide 2}) / c\,°].[c_e(\text{base 1}) / c\,°]}{[c_e(\text{acide 1}) / c\,°].[c_e(\text{base 2}) / c\,°]} = K$$

Afin d'alléger l'écriture, nous adopterons dans la suite de ce chapitre et dans les suivants la convention de notation :

$$c\,(\text{acide i}) / c^{\circ} = [\text{acide i}]$$

et nous supprimerons, dans ce chapitre, l'indice "e" en gardant en mémoire que, sauf spécification contraire, nous raisonnerons toujours sur des systèmes à l'équilibre.

Nous voyons que les termes du type [acide i] sont sans dimension.

La relation précédente s'écrit alors :

$$\frac{[\text{acide 2}].[\text{base 1}]}{[\text{acide 1}].[\text{base 2}]} = K$$

Cette constante d'équilibre permet de comparer les forces des couples. Par exemple, si K est supérieur à 1, cela signifie que l'acide du couple 1 a une plus forte tendance à céder son proton que celui du couple 2, donc que le couple 1 est plus fort que le couple 2.

Pour pouvoir classer tous les couples acido-basiques, il suffit de tous les comparer à un même **couple de référence** :

$$\text{acide} + \text{base (réf)} = \text{base} + \text{acide (réf)}$$

En solution aqueuse, le couple H_3O^+/H_2O joue, tout naturellement, ce rôle :

$$AH + H_2O = A^- + H_3O^+$$

Pour cet équilibre, on peut exprimer la constante :

$$\frac{[A^-].[H_3O^+]}{[AH].[H_2O]} = K$$

L'eau est en très large excès dans la solution, puisque c'est le solvant (la concentration de l'eau est égale à 1000/18, soit 55,56 mol dm^{-3}). Tant que nous raisonnons sur des solutions diluées (et c'est le cas dans toute cette étude), nous pouvons admettre :

$$[H_2O] = \text{constante}$$

Nous posons, alors, par définition de la **constante d'acidité** K_a :

$$K_a = K \cdot [H_2O]$$

$$\boldsymbol{K_a = \frac{[A^-].[H_3O^+]}{[AH]}}$$

Les valeurs de K_a sont souvent très faibles et il peut être commode d'utiliser une échelle logarithmique. Pour cela, on introduit le pK_a.

Le pK_a est défini par :

$$pK_a = -\log_{10} K_a$$

Plus la valeur de K_a est grande (ou la valeur de pK_a petite), plus l'acide du couple considéré est fort. On classe, néanmoins sous l'appellation **acides forts**, ceux qui sont pratiquement totalement dissociés (la concentration de la forme non dissociée AH est tout à fait négligeable devant celle de la forme dissociée A^- et, donc, K_a # ∞). L'exemple type de l'acide fort est l'acide chlorhydrique :

$$HCl + H_2O \longrightarrow H_3O^+ + Cl^-$$

La base conjuguée d'un acide fort (Cl^- dans le cas de HCl) est une base extrêmement faible.

Remarque : nous avons adopté arbitrairement le classement des couples acido-basiques par les valeurs des K_a. Il faut, cependant, savoir que de nombreux ouvrages classent les bases par rapport au couple H_2O/OH^-. Dans ce cas, on considère l'équilibre :

$$B + H_2O = BH^+ + OH^-$$

dans lequel H_2O joue le rôle d'acide de référence. On définit, alors, une constante K_b par :

$$K_b = \frac{[BH^+].[OH^-]}{[B]}$$

En fait, on passe très facilement d'une convention à l'autre. Pour le couple BH^+/B, notre convention fournit :

$$K_a = \frac{[B].[H_3O^+]}{[BH^+]}$$

On voit que :

$$K_a K_b = [H_3O^+].[OH^-] = \text{constante}$$

Cette constante va immédiatement être définie comme la **constante de dissociation de l'eau**.

3 Constante de dissociation de l'eau

Reprenons la dissociation de l'eau selon l'équation de réaction acido-basique vue précédemment.

$$H_2O \quad + \quad H_2O \quad = \quad OH^- + H_3O^+$$
$$\text{acide} + \text{base (réf)} = \text{base} + \text{acide (réf)}$$

En vertu de la définition qui en a été donnée, la constante d'acidité K_a de l'acide "eau" est :

$$K_a = \frac{[H_3O^+].[OH^-]}{[H_2O]}$$

$$[H_3O^+]\cdot[OH^-] = K_a\ [H_2O] = \text{constante}$$

$$\mathbf{[H_3O^+]\cdot[OH^-] = K_e}$$

Comme toutes les autres constantes d'équilibre thermodynamiques, K_e n'est fonction que de la température :

A 298,15 K : $K_e = 1{,}00.10^{-14}$

Le fait que l'eau soit très peu dissociée montre que :

- L'ion H_3O^+ cède très facilement son proton : c'est un **acide très fort**.
- L'ion OH^- capte très facilement un proton : c'est une **base très forte**.
- La molécule H_2O, en tant que base conjuguée de l'acide H_3O^+, est une **base très faible**.
- La molécule H_2O, en tant qu'acide conjugué de la base OH^-, est un **acide très faible**.

4 Calcul du pH des solutions aqueuses

La concentration des ions H_3O^+ peut varier d'une solution à une autre dans d'énormes proportions. En nous limitant à des solutions diluées, qui sont les seules que nous considérerons, on peut dire que cette concentration se situe dans le domaine 10^{-14} à 1 mol l^{-1}. Il est donc approprié d'utiliser une échelle logarithmique, et on définit le *pH* par :

$$\mathbf{pH = -\log_{10}[H_3O^+]}$$

Un pH peut être mesuré à l'aide d'un appareil appelé pH-mètre, qui fait intervenir des méthodes électrochimiques[1].

On peut également calculer le pH d'une solution aqueuse si on connaît la composition de cette dernière.

Les calculs correspondant aux différents cas particuliers que l'on est amené à rencontrer , découlent d'une méthode tout à fait générale se décomposant en plusieurs étapes :

- Etape 1 : **Recensement de toutes les espèces présentes** dans la solution (sauf l'eau qui est le constituant de très loin le plus abondant, ce qui nous a déjà amenés à considérer sa concentration comme constante, lors de l'expression du K_a). Soit n le nombre de ces constituants.

- Etape 2 : **Recherche de *n* équations**, afin de disposer d'un système de n équations à n inconnues. Ces équations sont :

• une équation dite d'électroneutralité : la solution est électriquement neutre et donc la somme des charges positives des cations doit être rigoureusement égale à la somme des charges négatives des anions.

• des équations de bilan de matière : tout corps introduit dans la solution doit se retrouver sous forme inchangée ou sous forme transformée.

• des équations d'équilibre chimique : équilibres acido-basiques, de solubilité, de complexation, etc., et équation de dissociation de l'eau.

- Etape 3 : **Résolution du système d'équations** : elle peut présenter un aspect relativement compliqué. En effet, quand on exprime les concentrations de toutes les espèces en fonction de $[H_3O^+]$, on peut aboutir à une équation de degré 3 ou plus en $[H_3O^+]$. En pratique, il est presque toujours possible de simplifier les calculs, car les espèces chimiques présentes ont des concentrations qui peuvent avoir des ordres de grandeur très différents les uns des autres. Nous admettrons, par exemple, que lorsqu'une espèce A est en concentration plus de cent fois inférieure[2] à la concentration d'une autre espèce B, on peut négliger [A] devant [B].

Remarque : dire que $[A] \ll [B]$, donc que [A] est négligeable devant [B] peut résulter :

- d'une **certitude**. Par exemple, un calcul antérieur a montré que tel est le cas. La simplification peut (et même doit) alors être effectuée sans *a priori* ;

---

[1] Le principe de cette mesure sera examiné dans le chapitre consacré à l'oxydo-réduction.

[2] Ce choix d'une valeur 100 est arbitraire. Il constitue une limite convenable dans la plupart des cas. Si on dispose de données très précises, on peut, évidemment, adopter un rapport supérieur comme limite d'acceptation d'une simplification.

- d'une **hypothèse**. Dans ce cas, on effectue le calcul sous réserve que cette hypothèse soit fondée. Quand les résultats sont ainsi obtenus, on **vérifie *a posteriori*** la validité de l'hypothèse.

Nous allons appliquer ces règles de calcul à divers types de solutions aqueuses, en commençant par les cas de figure les plus simples.

4.1 pH de l'eau

$$2\,H_2O \;=\; OH^- \;+\; H_3O^+$$

Espèces présentes (à part H_2O) : OH^- et H_3O^+.

Les deux équations nécessaires sont :

- électroneutralité : $[H_3O^+] = [OH^-]$
- équilibre de dissociation de l'eau : $[H_3O^+]\cdot[OH^-] = K_e$

Résolution :

$$[H_3O^+] = [OH^-] = \sqrt{K_e}$$

Comme cela a déjà été dit, K_e dépend (et ne dépend que) de la température. Le pH de l'eau dépend donc de la température.

A 25 °C, $K_e = 1{,}00.10^{-14}$ et, donc, pH = 7,00.

L'eau contient autant d'ions H_3O^+ que d'ions OH^- : on dit que l'eau est **neutre**.

Tout milieu ayant un pH inférieur à celui de l'eau est dit **acide**.

Tout milieu ayant un pH supérieur à celui de l'eau est dit **basique**.

Remarque : si nous admettons, dans le but de simplifier certains calculs, qu'une espèce A est en quantité négligeable devant une espèce B si la concentration de B est au moins 100 fois supérieure à celle de A, nous voyons que :

- Pour toute solution de pH inférieur à 6, à 25 °C, nous avons $[H_3O^+]$ supérieur à 10^{-6} et $[OH^-]$ inférieur à 10^{-8}. Donc $[OH^-]$ peut être négligé devant $[H_3O^+]$: $[OH^-] \ll [H_3O^+]$.

- Inversement, pour toute solution de pH supérieur à 8, à 25 °C, $[H_3O^+]$ peut être négligé devant $[OH^-]$: $[H_3O^+] \ll [OH^-]$

4.2 pH d'un acide en solution

Soit un acide AH à la concentration analytique c.

Nous désignons sous ce terme de *concentration analytique* le rapport de la quantité d'acide versé (exprimée en mol) au volume de la solution (exprimé en dm^3).

Nous notons $[c]$ la mesure de la concentration analytique : $[c] = c / c°$.

Deux cas sont à considérer :

- Soit AH est totalement dissocié : **acide fort**.
- Soit AH n'est que partiellement dissocié : **acide faible**.

4.2.1 AH est un acide fort

$$AH + H_2O \longrightarrow A^- + H_3O^+$$

Il y a trois espèces présentes dans l'eau : A^-, H_3O^+ et OH^-.

Les trois équations nécessaires sont :

- électroneutralité : $[H_3O^+] = [OH^-] + [A^-]$ (1)
- bilan : tout l'acide est dissocié : $[A^-] = [c]$ (2)
- équilibre de dissociation de l'eau : $[H_3O^+]\cdot[OH^-] = K_e$ (3)

Résolution :

Si le milieu est suffisamment acide ($pH \leq 6$) : $[OH^-] \ll [H_3O^+]$.

Dans ce cas : (1) et (2) $\Rightarrow$ $[H_3O^+] = [A^-] = [c]$

$$pH = -\log_{10}[c]$$

On voit que l'hypothèse de calcul est vérifiée si la concentration analytique est au moins égale à 10^{-6} mol l^{-1}.

Dans le cas où l'hypothèse n'est pas vérifiée, on porte dans (1) l'expression de $[A^-]$ fournie par (2) et celle de $[OH^-]$ fournie par (3) et on aboutit à l'équation du deuxième degré :

$$[H_3O^+]^2 - [c]\cdot[H_3O^+] - K_e = 0$$

dont la racine positive fournit la valeur de $[H_3O^+]$.

4.2.2 AH est un acide faible

$$AH + H_2O \rightleftharpoons A^- + H_3O^+$$

Il y a, cette fois, quatre espèces présentes dans l'eau : A^-, H_3O^+ ,OH^- et AH.

Les quatre équations nécessaires sont :

- électroneutralité : $[H_3O^+] = [OH^-] + [A^-]$ (1)
- bilan : l'acide est partiellement dissocié :

$$[A^-] + [AH] = [c] \quad (2)$$

- équilibre acido-basique :

$$\frac{[A^-].[H_3O^+]}{[AH]} = K_a \quad (3)$$

- équilibre de dissociation de l'eau : $[H_3O^+]\cdot[OH^-] = K_e$ (4)

Résolution :

Hypothèse 1 : le milieu est suffisamment acide pour que l'on puisse admettre que l'on a : $[OH^-] << [H_3O^+]$.

Dans ce cas : (1) $\Rightarrow$ $[A^-] = [H_3O^+]$

(2) $\Rightarrow$ $[AH] = [c] - [H_3O^+]$

(3) $\Rightarrow$ $\dfrac{[H_3O^+]^2}{[c] - [H_3O^+]} = K_a$

Hypothèse 2 : $[H_3O^+] << [c]$

Dans ce cas : $[H_3O^+] = \sqrt{[c].K_a}$

et donc : $pH = -0{,}5\cdot(\log_{10}[c] + \log_{10}K_a)$

Si l'hypothèse 2 n'est pas vérifiée (ce qui est fréquemment le cas), le problème ne se complique pas trop, puisqu'il suffit de résoudre l'équation du deuxième degré :

$$[H_3O^+]^2 + K_a[H_3O^+] - K_a[c] = 0$$

dont la seule racine positive fournit la valeur de $[H_3O^+]$:

$$[H_3O^+] = \frac{-K_a + \sqrt{K_a^2 + 4.K_a.[c]}}{2}$$

Si l'hypothèse 1 n'est pas vérifiée (ce qui ne peut être le cas qu'en solution extrêmement diluée), il faut résoudre l'équation du troisième degré :

$$[H_3O^+]^3 + K_a [H_3O^+]^2 - (K_e + K_a [c]) \cdot [H_3O^+] - K_a \cdot K_e = 0$$

Il existe, bien sûr, des techniques de calcul, programmables sur calculatrices, permettant d'aboutir à la solution cherchée.

Remarque : dans le cas qui vient d'être traité, comme dans la plupart des calculs de pH de solutions, il est très important de noter que le mode de calcul qui doit être adopté, dépend des données numériques dont on dispose. Il serait très dangereux de vouloir résoudre le problème par application d'une formule simple, sans tenir compte des approximations de calcul dont elle découle.

4.3 pH d'une base en solution

Soit une base B à la concentration analytique c. Là aussi, deux cas sont à considérer selon que la base est **forte** ou **faible**, c'est-à-dire que sa réaction sur l'eau est complète ou équilibrée.

4.3.1 B est une base forte

$$B + H_2O \longrightarrow BH^+ + OH^-$$

Il y a trois espèces présentes dans l'eau : BH^+, H_3O^+ et OH^-.

Les trois équations nécessaires sont :

- électroneutralité : $[BH^+] + [H_3O^+] = [OH^-]$ (1)
- bilan : $[BH^+] = [c]$ (2)
- équilibre de dissociation de l'eau : $[H_3O^+] \cdot [OH^-] = K_e$ (3)

Résolution :

Si le milieu est suffisamment basique (pH ≥ 8) : $[H_3O^+] << [OH^-]$.

Dans ce cas : (1) et (2) $\Rightarrow$ $[OH^-] = [BH^+] = [c]$

(3) $\Rightarrow$ $[H_3O^+] = K_e / [OH^-] = K_e / [c]$

$$pH = -\log_{10} K_e + \log_{10} [c]$$

On voit que l'hypothèse de calcul est vérifiée si la concentration analytique est au moins égale à 10^{-6} mol l^{-1}. Dans le cas où l'hypothèse n'est pas vérifiée, on aboutit à une équation du deuxième degré.

4.3.2 B est une base faible

$$B + H_2O \rightleftharpoons BH^+ + OH^-$$

Il y a quatre espèces présentes dans l'eau : BH^+ , H_3O^+ ,OH^- et B.

Les quatre équations nécessaires sont :

- électroneutralité : $[BH^+] + [H_3O^+] = [OH^-]$ (1)
- bilan : $[B] + [BH^+] = [c]$ (2)
- équilibre acido-basique :

$$\frac{[B].[H_3O^+]}{[BH^+]} = K_a \qquad (3)$$

- équilibre de dissociation de l'eau : $[H_3O^+]\cdot[OH^-] = K_e$ (4)

Résolution :

Hypothèse 1 : le milieu est suffisamment basique pour que l'on puisse admettre que l'on a : $[H_3O^+] \ll [OH^-]$.

Dans ce cas : (1) $\Rightarrow$ $[BH^+] = [OH^-]$

(2) $\Rightarrow$ $[B] = [c] - [OH^-]$

$$(3) \Rightarrow \quad \frac{([c] - [OH^-]).[H_3O^+]}{[OH^-]} = K_a$$

Hypothèse 2 : $[OH^-] \ll [c]$

Dans ce cas :

$$\frac{[c].[H_3O^+]}{[OH^-]} = K_a$$

$$(4) \Rightarrow [H_3O^+]^2 = \frac{K_a.K_e}{[c]}$$

$$[H_3O^+] = \sqrt{\frac{K_a.K_e}{[c]}}$$

et donc :

$$pH = 0{,}5\cdot(\log_{10}[c] - \log_{10}K_a - \log_{10}K_e) = 0{,}5\cdot(\log_{10}[c] + pK_a + pK_e)$$

Si l'hypothèse 2 n'est pas vérifiée, il suffit de développer le calcul :

$$\frac{([c] - [OH^-]).[H_3O^+]}{[OH^-]} = \frac{[c].[H_3O^+]^2 - K_e.[H_3O^+]}{K_e} = K_a$$

On aboutit à l'équation du deuxième degré:

$$[c]\cdot[H_3O^+]^2 - K_e\cdot[H_3O^+] - K_e\cdot K_a = 0$$

dont la seule racine positive fournit la valeur de $[H_3O^+]$:

$$[H_3O^+] = \frac{K_e + \sqrt{K_e^2 + 4.K_e.K_a.[c]}}{2.[c]}$$

Si l'hypothèse 1 n'est pas vérifiée, il faut résoudre l'équation du troisième degré :

$$[H_30^+]^3 + ([c] + K_a)\cdot[H_3O^+]^2 - K_e\cdot[H_3O^+] - K_a\cdot K_e = 0$$

4.4 pH de la solution d'un diacide

Soit un diacide AH_2 de concentration analytique c. Il subit les dissociations successives :

$$AH_2 + H_2O = AH^- + H_3O^+$$
$$AH^- + H_2O = A^{2-} + H_3O^+$$

Les dissociations sont totales ou partielles selon la force des acidités.

4.4.1 Les deux acidités sont fortes

$$AH_2 + H_2O \longrightarrow AH^- + H_3O^+$$
$$AH^- + H_2O \longrightarrow A^{2-} + H_3O^+$$

Les espèces présentes dans la solution sont : A^{2-}, H_3O^+ et OH^-.

Les trois équations nécessaires sont :

- électroneutralité : $[H_3O^+] = [OH^-] + 2[A^{2-}]$ (1)
- bilan : $[A^{2-}] = [c]$ (2)
- équilibre de dissociation de l'eau : $[H_3O^+]\cdot[OH^-] = K_e$ (3)

Résolution :

Ce problème ne nécessitant que trois équations, n'est pas plus difficile que celui relatif à un monoacide fort.

En milieu suffisamment acide ($pH \leq 6$) :

(1) et (2) $\Rightarrow$ $[H_3O^+] = 2\cdot[A^{2-}] = 2\cdot[c]$

Un diacide ayant ses deux acidités fortes se comporte exactement comme un monoacide fort ayant une concentration double :

$$pH = -\log_{10}(2\cdot[c])$$

4.4.2 Les deux acidités sont faibles

$$AH_2 + H_2O \rightleftharpoons AH^- + H_3O^+$$
$$AH^- + H_2O \rightleftharpoons A^{2-} + H_3O^+$$

Cette fois, on dénombre cinq espèces en solution : AH_2, AH^-, A^{2-}, H_3O^+ et OH^-.

Les cinq équations nécessaires sont :

- électroneutralité : $[H_3O^+] = [OH^-] + 2 \cdot [A^{2-}] + [AH^-]$ (1)
- bilan : $[AH_2] + [AH^-] + [A^{2-}] = [c]$ (2)
- équilibres acido-basiques :

$$\frac{[AH^-].[H_3O^+]}{[AH_2]} = K_{a1} \quad (3)$$

$$\frac{[A^{2-}].[H_3O^+]}{[AH^-]} = K_{a2} \quad (4)$$

- équilibre de dissociation de l'eau : $[H_3O^+] \cdot [OH^-] = K_e$ (5)

Attention à ne pas omettre de multiplier par deux le terme $[A^{2-}]$ dans l'équation d'électroneutralité : il y a deux fois plus de charges que d'ions A^{2-}.

Résolution :

Dans le cas général, pour une concentration analytique suffisante pour que les ions OH^- soient en concentration négligeable devant celle des ions H_3O^+, le système des cinq équations conduit à une équation de degré trois en $[H_3O^+]$. En effet :

(1) et (4) $\Rightarrow$ $$[AH^-] = \frac{[H_3O^+]^2}{[H_3O^+] + 2 \cdot K_{a2}}$$

$$[A^{2-}] = \frac{K_{a2} \cdot [H_3O^+]}{[H_3O^+] + 2 \cdot K_{a2}}$$

(2) $\Rightarrow$ $$[AH_2] = \frac{-[H_3O^+]^2 + ([c] - K_{a2}) \cdot [H_3O^+] + 2.[c].K_{a2}}{[H_3O^+] + 2 \cdot K_{a2}}$$

(3) $\Rightarrow$ l'équation finale de degré 3 en $[H_3O^+]$:

$$[H_3O^+]^3 + K_{a1} \cdot [H_3O^+]^2 - K_{a1} \cdot ([c] - K_{a2}) \cdot [H_3O^+] - 2.[c].K_{a1} \cdot K_{a2} = 0$$

En pratique, le problème se simplifie souvent par le fait que les deux acidités sont de forces très différentes :

- La première acidité peut être forte et la deuxième faible.

- Les deux acidités peuvent être faibles, mais K_{a1} est beaucoup plus grand que K_{a2}.

Dans l'un et l'autre cas, la première acidité impose un pH acide à la solution et empêche la deuxième dissociation de se produire, en accord avec la loi de Le Chatelier.

Prenons l'exemple de l'acide carbonique, ou plus exactement du dioxyde de carbone dissous dans l'eau, à 25 °C :

$$H_2CO_2, H_2O + H_2O \rightleftharpoons HCO_3^- + H_3O^+ \qquad K_{a1} = 4{,}47.10^{-7}$$

$$HCO_3^- + H_2O \rightleftharpoons CO_3^{2-} + H_3O^+ \qquad K_{a2} = 5{,}62.10^{-11}$$

La première acidité, bien que très faible, impose un pH inférieur à 7. Considérons maintenant le deuxième équilibre :

$$\frac{[CO_3^{2-}]}{[HCO_3^-]} = \frac{K_{a2}}{[H_3O^+]} < \frac{5{,}62.10^{-11}}{10^{-7}} = 5{,}62.10^{-4}$$

Les ions carbonates ont une concentration négligeable devant celle des ions hydrogénocarbonates. La deuxième acidité n'intervient pas : tout se passe comme s'il s'agissait d'un monoacide.

5 Dosages acido-basiques

Dans les exemples que nous examinerons ici, il s'agira de doser une solution acide par une solution titrée d'une base forte (qui sera l'hydroxyde de sodium : NaOH).

Le but du dosage est la détermination de la concentration c_A, *a priori* inconnue, de la solution d'acide. Pour cela, on prélève un échantillon de volume V_A de cette solution et on ajoute progressivement, à l'aide d'une burette, la solution titrée (concentration c_B connue) d'hydroxyde de sodium : soit V_B le volume versé. Quand ce volume atteint la valeur particulière $V_{B,\,eq}$ la quantité d'hydroxyde versée ($c_B \cdot V_{B,\,eq}$) est égale à la quantité d'acide contenue dans l'échantillon ($c_A \cdot V_A$). On dit que l'on est au **point d'équivalence**.

L'égalité $c_A \cdot V_A = c_B \cdot V_{B,\,eq}$ permet le calcul de c_A si on dispose d'un moyen permettant de savoir que le volume V_B a effectivement atteint sa valeur à l'équivalence $V_{B,\,eq}$. Le problème est donc le repérage de $V_{B,\,eq}$.

5.1 L'acide est fort

5.1.1 Etude théorique

$$AH + H_2O \longrightarrow A^- + H_3O^+$$
$$NaOH \longrightarrow Na^+ + OH^-$$

Désignons par n_A ($n_A = c_A \cdot V_A$) la quantité d'acide dans l'échantillon et n_B ($n_B = c_B \cdot V_B$) la quantité de base versée. On appelle **taux d'équivalence** le rapport $x = n_B/n_A$. On voit que x peut s'exprimer de différentes façons :

$$x = \frac{n_B}{n_A} = \frac{c\,(Na^+)}{c\,(A^-)} = \frac{[Na^+]}{[A^-]}$$

Avant toute adjonction d'hydroxyde de sodium, $x = 0$. A l'équivalence, x prend la valeur 1.

Nous allons déterminer comment varie le pH du mélange quand x augmente. La méthode de calcul utilisée est identique à celle développée précédemment.

Les espèces présentes dans la solution sont : A^-, Na^+, H_3O^+ et OH^-.

La concentration des ions A^- diminue, par effet de dilution, quand le volume du mélange augmente en raison de l'adjonction de solution d'hydroxyde de sodium :

$$c\,(A^-) = c_A \cdot \frac{V_A}{V_A + V_B}$$

Dans ce qui suit, nous désignerons par $[c\,]$ le rapport $c\,(A^-)/c\,°$.

Pour définir l'état du mélange, nous disposons des quatre relations suivantes :

- électroneutralité : $[H_3O^+] + [Na^+] = [OH^-] + [A^-]$ (1)
- bilan sur l'acide : $[A^-] = [c\,]$ (2)
- bilan sur l'hydroxyde : $[Na^+] = [c\,] \cdot x$ (3)
- équilibre de dissociation de l'eau : $[H_3O^+] \cdot [OH^-] = K_e$ (4)

Résolution :

(1), (2) et (3) $\Longrightarrow$ $[H_3O^+] + [c\,] \cdot x = [OH^-] + [c\,]$

En exprimant $[OH^-]$ au moyen de l'équation (4), on aboutit à l'équation du deuxième degré ci-dessous :

$$[H_3O^+]^2 - [c\,] \cdot (1 - x) \cdot [H_3O^+] - K_e = 0$$

La racine positive de cette équation est :

$$[H_3O^+] = \frac{[c].(1-x) + \sqrt{[c]^2.(1-x)^2 + 4.K_e}}{2}$$

Ce résultat entraîne plusieurs remarques :

Remarque 1 :

Pour tenir compte de l'effet de dilution, dont il a été fait mention précédemment, le calcul de $[H_3O^+]$ (donc du pH) pour toute valeur de x doit être précédé du calcul du terme $[c]$. Les relations :

$$c(A^-) = c_A \cdot \frac{V_A}{V_A + V_B} \quad , \quad n_A = c_A \cdot V_A \quad , \quad n_B = c_B \cdot V_B \quad \text{et} \quad x = \frac{n_B}{n_A}$$

permettent d'exprimer $[c]$ en fonction de x :

$$\frac{V_B}{V_A} = \frac{n_B}{n_A} \cdot \frac{c_A}{c_B} = x \cdot \frac{c_A}{c_B}$$

$$c(A^-) = c_A \cdot \frac{V_A}{V_A + V_B} = \frac{c_A^2}{c_A + x \cdot c_B}$$

et donc, en divisant toutes les concentrations par $c°$:

$$[c] = \frac{[c_A]^2}{[c_A] + x \cdot [c_B]}$$

Remarque 2 :

Lorsque x est supérieur à 1 (donc, lorsque le point d'équivalence est dépassé), la résolution de l'équation du deuxième degré est rapidement inutilisable en pratique. En effet, le terme $4 \cdot K_e$ devient négligeable devant le terme $[c]^2 \cdot (1-x)^2$. Il en résulte que le terme $[c] \cdot (1-x)$ est négatif mais a même valeur absolue que le terme positif $\left([c]^2 \cdot (1-x)^2\right)^{1/2}$. En conséquence, le résultat fourni par toute calculatrice est $[H_3O^+] = 0$.

Remarque 3 :

Bien que la résolution d'une équation du deuxième degré ne présente pas de difficulté notable, il est possible de simplifier encore le calcul :

- *Avant l'équivalence, et pour pH* ≤ 6 :

$[OH^-] \ll [H_3O^+]$ et donc : $[H_3O^+] = [c] \cdot (1-x)$

On a donc : $\quad \text{pH} = -\log_{10}[c] - \log_{10}(1-x)$

- *A l'équivalence* :

$x = 1$ et donc $[H_3O^+] = [OH^-] = (K_e)^{1/2}$

A 25 °C, le point d'équivalence du dosage d'un acide fort par une base forte correspond à la valeur 7 du pH.

- *Après l'équivalence, et pour pH ≥ 8* :

Comme nous l'avons vu dans la deuxième remarque, nous sommes, là, dans un domaine où la solution générale est mal adaptée.

$$[H_3O^+] \ll [OH^-]$$

donc : $\quad [OH^-] = [c].(x-1)$

$$[H_3O^+] = \frac{K_e}{[c].(x-1)}$$

$$\text{pH} = \text{p}K_e + \log_{10}[c] + \log_{10}(x-1)$$

5.1.2 Application numérique à 25 °C

Prenons, par exemple, $c_A = c_B = 0{,}100$ mol l^{-1}. Les calculs fournissent les résultats numériques rassemblés dans le tableau 5.1 et illustrés par le graphe pH = f(x) de la figure 5.1.

On constate le saut brutal de pH dans le voisinage de l'équivalence : pour une variation de x de 2.10^{-3}, on passe d'un pH nettement acide (4,30) à un pH nettement basique (9,70). La relation entre x et V_B :

$$x = \frac{n_B}{n_A} = \frac{c_B}{c_A.V_A}.V_B$$

montre que :

$$\frac{dx}{dV_B} = \frac{c_B}{c_A.V_A}$$

ce qui nous permet de constater que pour les conditions dans lesquelles nous nous sommes placés ($c_A = c_B$) et pour un volume de solution à doser (prise d'essai) $V_A = 20$ cm^3, une variation de x de 2.10^{-3} est engendrée par une augmentation de V_B de 0,04 cm^3 (ce qui est l'ordre de grandeur du volume d'une goutte, lorsque l'on utilise une burette de type courant). Donc, lors du dosage "à la goutte" d'une acide fort par une base forte, on peut considérer que l'on a, en pratique, atteint l'équivalence lorsqu'on obtient un pH compris entre 4 et 9.

x	$[c]$	pH	x	$[c]$	pH
0	0,100	1,00	1	0,050	7,00
0,2	0,083	1,18	1,001	0,050	9,70
0,4	0,071	1,37	1,01	0,050	10,70
0,7	0,059	1,75	1,1	0,048	11,52
0,9	0,053	2,28	1,2	0,045	11,96
0,95	0,051	2,59	1,3	0,043	12,12
0,99	0,050	3,30	1,5	0,040	12,30
0,999	0,050	4,30	2	0,033	12,52

Tableau 5.1 : Résultats numériques pour $c_A = c_B = 0{,}100$ mol l^{-1}

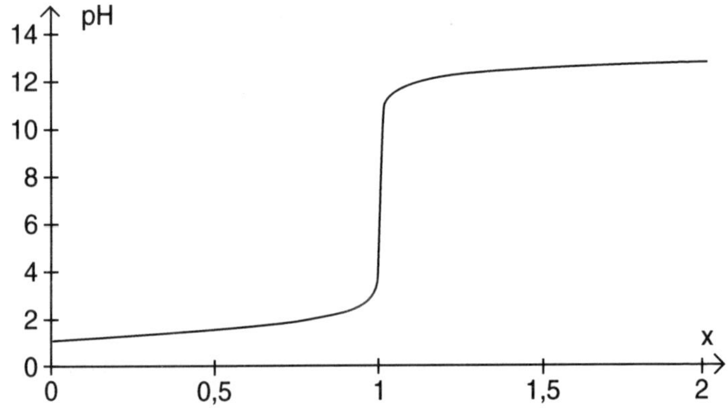

Figure 5.1 : Courbe de titrage d'un acide fort par une base forte

5.1.3 Repérage du volume de solution de base correspondant à l'équivalence

Pour parvenir à déterminer le volume $V_{B,\,eq}$ de solution titrante qu'il est nécessaire de verser pour atteindre le point d'équivalencc, il y a deux possibilités :

- Soit mesurer le pH de la solution après chaque adjonction de solution titrante et tracer la courbe pH = f(V_B)[1]. La valeur de $V_{B,eq}$ correspond à pH = $\sqrt{K_e}$.

- Soit utiliser un indicateur coloré.

---

[1] Cette courbe est tout à fait semblable à la courbe pH = f(x), puisque x est proportionnel au volume d'hydroxyde de sodium versé.

Un indicateur coloré est un couple acido-basique A_iH / A_i^- dont la forme acide (A_iH) et la forme basique (A_i^-) n'ont pas la même couleur :

$$A_iH + H_2O \rightleftharpoons A_i^- + H_3O^+$$

"couleur acide" — " couleur basique"

L'indicateur coloré est introduit dans l'échantillon à doser en très petite quantité, afin de n'avoir aucune influence sur le pH du milieu mais seulement d'en subir les effets. En milieu suffisamment acide, l'équilibre de dissociation de l'indicateur coloré est fortement déplacé vers la gauche (loi de Le Chatelier) et la forme acide prédomine largement, en donnant la coloration "acide" à la solution. Par contre, en milieu basique, l'équilibre est déplacé vers la droite et la forme basique de l'indicateur prédomine.

Donc, au-dessous d'une valeur pH_1 du pH, la "couleur acide" apparaît seule et, au-dessus d'une autre valeur du pH (pH_2), c'est la "couleur basique" qui teinte la solution. La zone comprise entre pH_1 et pH_2 est appelée **zone de virage** de l'indicateur. Dans ce domaine de pH, la solution a une couleur intermédiaire qui évolue avec le pH entre les deux couleurs limites.

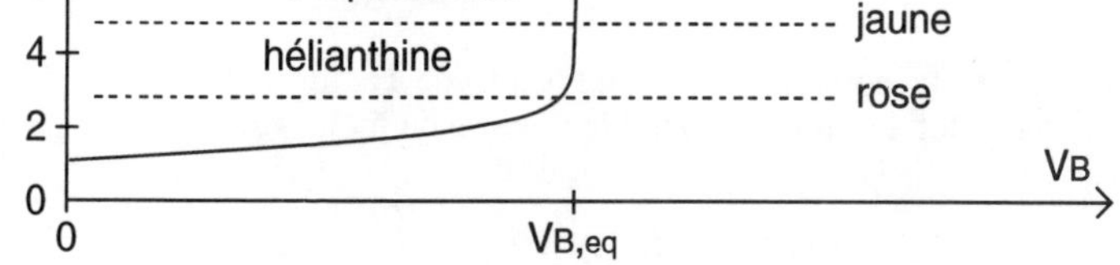

Figure 5.2 : Utilisation des indicateurs colorés

Dans le cas du dosage d'un acide fort par une base forte, nous avons vu que le pH passe brutalement d'un pH voisin de 4 à un pH voisin de 10. N'importe quel indicateur coloré ayant sa zone de virage sécante de ce domaine de pH peut être utilisé. Considérons, par exemple, deux indicateurs d'usage très courant : l'hélianthine (zone de virage : 3,1-4,4) et la phénolphtaléine (zone de virage : 8,0-9,9).

Les deux indicateurs peuvent convenir, comme le montre la figure 5.2, mais l'utilisation que l'on peut faire de chacun d'eux dépend de sa zone de virage, comme nous allons le voir :

- Si on utilise l'hélianthine : pour que le volume de solution d'hydroxyde de sodium versé soit le plus près possible de $V_{B,\ eq}$, il faut s'arrêter quand la couleur basique (jaune) est atteinte.

- Si on utilise la phénolphtaléine : il faut s'arrêter dès qu'est atteint le début de la teinte intermédiaire. On sait alors que l'on vient juste de dépasser le point d'équivalence. Entre l'incolore et le rose violacé, les couleurs intermédiaires sont des roses de plus en plus foncés. On doit donc s'arrêter de verser la solution d'hydroxyde de sodium dès qu'une très faible coloration est perceptible.

5.2 L'acide est faible

5.2.1 Etude théorique

$$AH + H_2O \rightleftharpoons A^- + H_3O^+$$
$$NaOH \longrightarrow Na^+ + OH^-$$

Désignons encore par n_A la quantité d'acide dans l'échantillon et n_B la quantité de base versée. Le taux d'équivalence ($x = n_B / n_A$) est donné par :

$$x = \frac{n_B}{n_A} = \frac{c\,(Na^+)}{c\,(A^-) + c\,(AH)} = \frac{[Na^+]}{[A^-] + [AH]}$$

Les espèces présentes dans la solution sont : A^-, AH, Na^+, H_3O^+ et OH^-.

Ici encore, la concentration analytique de l'acide $c\ (A^-) + c\ (AH)$ diminue par effet de dilution quand le volume du mélange augmente :

$$c\,(A^-) + c\,(AH) = c_A . \frac{V_A}{V_A + V_B}$$

Dans ce qui suit, $[c]$ représente le rapport de la concentration analytique de l'acide et de $c\ °$.

Nous disposons des cinq relations suivantes :

- électroneutralité : $[H_3O^+] + [Na^+] = [OH^-] + [A^-]$ (1)
- bilan sur l'acide : $[A^-] + [AH] = [c\,]$ (2)

- bilan sur l'hydroxyde : $[Na^+] = [c].x$ (3)

- équilibre acido-basique : $\frac{[A^-].[H_3O^+]}{[AH]} = K_a$ (4)

- équilibre de dissociation de l'eau : $[H_3O^+].[OH^-] = K_e$ (5)

Résolution :

(1) et (3) $\Rightarrow$ $[A^-] = [c].x + [H_3O^+] - [OH^-]$

(2) $\Rightarrow$ $[AH] = [c].(1-x) - [H_3O^+] + [OH^-]$

(4) $\Rightarrow$ l'équation générale :

$$\frac{([c].x + [H_3O^+] - [OH^-]).[H_3O^+]}{[c].(1-x) - [H_3O^+] + [OH^-]} = K_a \qquad (6)$$

L'application de l'équation (5) fournirait une expression de la seule inconnue $[H_3O^+]$, mais de degré 3. Il est donc plus simple d'utiliser l'égalité (6) en faisant les simplifications correspondant aux divers domaines étudiés.

- *Valeur de x à la neutralité*

Pour $[H_3O^+] = [OH^-] = \sqrt{K_e}$

l'équation (6) se ramène à :

$$\frac{x}{1-x} = \frac{K_a}{\sqrt{K_e}} \quad \text{ou} \quad x = \frac{K_a}{K_a + \sqrt{K_e}} < 1$$

La neutralité est donc atteinte **avant** le point d'équivalence. Il en résulte que ce dernier se trouve **en milieu basique**.

On peut remarquer que lorsque K_a croît, $\sqrt{K_e}$ devient négligeable devant lui et donc x tend vers 1 : moins l'acide est faible, plus sont proches l'équivalence et la neutralité.

- *Variation du pH en milieu acide*

Le mélange est en milieu acide pour $x < \frac{K_a}{K_a + \sqrt{K_e}}$.

Tant que le milieu est suffisamment acide (donc $[OH^-] << [H_3O^+]$), l'équation (6) devient :

$$\frac{([c].x + [H_3O^+]).[H_3O^+]}{[c].(1-x) - [H_3O^+]} = K_a$$

Elle conduit à une équation du deuxième degré en $[H_3O^+]$:

$$[H_3O^+]^2 + ([c\,]\cdot x + K_a)\cdot[H_3O^+] - K_a\cdot[c\,]\cdot(1-x) = 0$$

La racine positive de cette équation fournit la valeur de $[H_3O^+]$ pour toute valeur de x du domaine considéré (milieu acide).

- *pH au point d'équivalence*

Pour $x = 1$, l'équation (6) prend la forme :

$$\frac{([c\,] + [H_3O^+] - [OH^-]).[H_3O^+]}{[OH^-] - [H_3O^+]} = K_a$$

Or, au point d'équivalence, $[OH^-]$ et $[H_3O^+]$ ont des valeurs très faibles (peu éloignées de 10^{-7}). On peut donc dire qu'en ce point $[OH^-]$ (et *a fortiori* $[H_3O^+]$) est négligeable devant $[c\,]$.

On peut donc écrire :

$$\frac{[c\,].[H_3O^+]}{[OH^-] - [H_3O^+]} = K_a$$

En multipliant haut et bas par $[H_3O^+]$, on aboutit à :

$$\frac{[c\,]\cdot[H_3O^+]^2}{K_e - [H_3O^+]^2} = K_a$$

et donc :

$$[H_3O^+] = \sqrt{\frac{K_e.K_a}{[c\,] + K_a}}$$

- *pH au-delà du point d'équivalence*

Pour un milieu suffisamment basique ($[H_3O^+] << [OH^-]$), l'équation (6) devient :

$$\frac{([c\,].x - [OH^-]).[H_3O^+]}{[c\,].(1-x) + [OH^-]} = K_a$$

En multipliant haut et bas par $[OH^-]$ on obtient :

$$\frac{[c\,].x - [OH^-]}{([c\,].(1-x) + [OH^-]).[OH^-]} = \frac{K_a}{K_e}$$

qui conduit à l'équation du second degré en $[OH^-]$:

$$K_a \cdot [OH^-]^2 + (K_a \cdot [c\,] \cdot (1 - x) + K_e) \cdot [OH^-] - K_e \cdot [c\,] \cdot x = 0$$

La racine positive de cette équation fournit $[OH^-]$ et donc $[H_3O^+]$ par application de la relation (5).

- *Calcul simplifié*

Dans tout le domaine où x n'est pas très proche de 0 ou de 1, $[H_3O^+]$ et $[OH^-]$ sont souvent négligeables devant $[c\,] \cdot x$ et $[c\,] \cdot (1 - x)$. Dans ce cas, l'équation (6) se trouve très simplifiée et fournit :

$$[H_3O^+] = K_a \cdot \frac{(1 - x)}{x}$$

Cette expression montre, en particulier, qu'à la demi-équivalence (pour $x = 0{,}5$) :

$$[H_3O^+] = K_a \quad \text{ou} \quad pH = pK_a$$

Le repérage de la demi-équivalence peut permettre la détermination du pK_a d'un acide faible.

En portant cette égalité entre $[H_3O^+]$ et K_a à la demi-équivalence dans l'équation (4), on constate que l'on a également en ce point l'égalité :

$$[AH] = [A^-]$$

A la demi-équivalence, l'acide et sa base conjuguée ont même concentration.

5.2.2 *Application numérique*

Prenons, comme dans le cas de l'acide fort, $c_A = c_B = 0{,}100$ mol l^{-1}. La constante d'acidité K_a est prise égale à 10^{-5}. Les calculs fournissent les résultats regroupés dans le tableau 5.2 et illustrés par le graphe pH = f(x) de la figure 5.3.

On constate :

- que le pH varie très peu avec x aux alentours du point de demi-équivalence. Dans ce domaine, le minimum de cette variation se situe au point de demi-équivalence. On peut constater sur la figure 5.3 et on démontre mathématiquement que ce point est un point d'inflexion pour la courbe du pH en fonction de x.

- que le point d'équivalence se situe dans la région de la courbe où le pH varie très fortement avec x, mais que cette partie très pentue couvre un domaine de pH nettement plus réduit que lors du dosage d'un acide fort. Pour l'exemple traité ici, le pH varie de 7,00 à 11,40 quand x passe de 0,99 à 1,01. Il en résulte que le choix d'un l'indicateur coloré est plus restreint.

La figure 5.3 nous montre que l'hélianthine n'est absolument pas utilisable (le point de demi-équivalence se situe déjà dans la zone de virage de cet indicateur) ; par contre, la phénolphtaléine convient parfaitement et il faut ne plus verser d'hydroxyde de sodium dès qu'apparaît une légère coloration.

x	$[c]$	pH	x	$[c]$	pH
0	0,1000	3,00	0,90	0,0526	5,95
0,05	0,0952	3,74	0,95	0,0513	6,28
0,10	0,0909	4,05	0,99	0,0503	7,00
0,20	0,0833	4,40	1	0,0500	8,85
0,30	0,0769	4,63	1,01	0,0498	11,40
0,40	0,0714	4,82	1,10	0,0476	11,75
0,50	0,0667	5,00	1,30	0,0435	12,13
0,60	0,0625	5,18	1,50	0,0400	12,31
0,70	0,0588	5,37			

Tableau 5.2 : Résultats numériques pour $c_A = c_B = 0{,}100$ mol l^{-1} et $K_a = 10^{-5}$

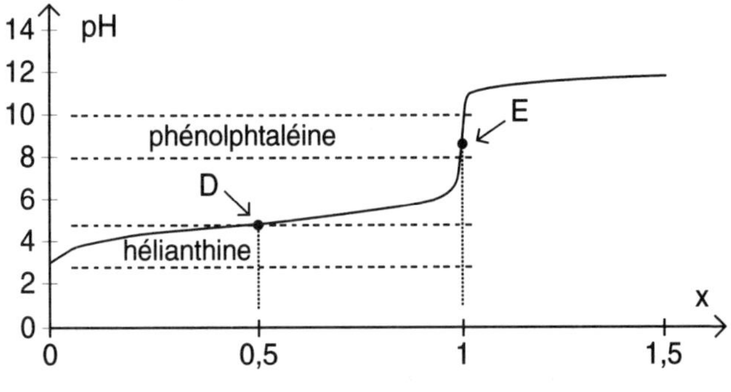

Figure 5.3 : Courbe de titrage d'un acide faible par une base forte.
E représente le point d'équivalence et D le point de demi-équivalence.

6 Solutions tamponnées

Nous avons rencontré, dans l'étude du dosage d'un acide faible par l'hydroxyde de sodium, un domaine de composition du mélange (aux alentours de la demi-équivalence) pour lequel le pH varie très peu quand on ajoute un peu de solution d'hydroxyde de sodium. Les mélanges correspondant à ce domaine constituent un milieu tamponné.

Une solution tamponnée, ou tampon, a la propriété de voir son pH ne varier que très peu lors de l'addition modérée de base ou d'acide. On utilise de telles solutions, chaque fois que l'on souhaite imposer un pH constant à un milieu.

Pour obtenir un tampon, il faut réaliser un mélange tel que l'acide et la base d'un même couple se trouvent en concentrations égales ou tout au moins voisines :

- mélange AH et ANa en quantités voisines.
- mélange B et BHCl en quantités voisines.

6.1 pH d'un tampon

Désignons par $[c]$ et $[c']$ les mesures des concentrations analytiques respectivement de AH et de ANa.

Comme lors du dosage d'un acide faible par l'hydroxyde de sodium, les espèces présentes dans la solution sont A^-, AH, Na^+, H_3O^+ et OH^-.

Nous disposons des cinq relations ci-dessous :

- électroneutralité : $[H_3O^+] + [Na^+] = [OH^-] + [A^-]$ (1)
- bilan sur le couple acido-basique : $[A^-] + [AH] = [c] + [c']$ (2)
- bilan sur les ions Na^+ : $[Na^+] = [c']$ (3)
- équilibre acido-basique : $\dfrac{[A^-]\cdot[H_3O^+]}{[AH]} = K_a$ (4)
- équilibre de dissociation de l'eau : $[H_3O^+]\cdot[OH^-] = K_e$ (5)

Résolution :

(1) et (3) $\Rightarrow$ $[A^-] = [c'] + [H_3O^+] - [OH^-]$

(2) $\Rightarrow$ $[AH] = [c] - [H_3O^+] + [OH^-]$

$$(4) \Rightarrow \frac{([c].x - [OH^-]).[H_3O^+]}{[c].(1-x) + [OH^-]} = K_a$$

En pratique, la réalisation d'un tampon a pour but d'attribuer au pH la valeur que l'on veut et on choisit les concentrations c et c' de telle sorte que les concentrations des ions H_3O^+ et OH^- soient négligeables devant elles. On obtient donc l'expression simple suivante :

$$[H_3O^+] = K_a.\frac{[c]}{[c']}$$

qui se simplifie encore en $[H_3O^+] = K_a$ si on a égalité entre $[c]$ et $[c']$.

6.2 Influence d'une addition d'acide

Au tampon précédent, on ajoute un peu d'acide fort, par exemple HCl en quantité telle que [Cl] = [*c* "].

Le mélange comporte une espèce de plus que précédemment : Cl^-.

Le système d'équations devient :

- électroneutralité : $[H_3O^+] + [Na^+] = [OH^-] + [A^-] + [Cl^-]$ (1)
- bilan sur le couple acido-basique : $[A^-] + [AH] = [c] + [c']$ (2)
- bilan sur les ions Na^+ : $[Na^+] = [c']$ (3)
- bilan sur les ions Cl^- : $[Cl^-] = [c'']$ (4)
- équilibre acido-basique : $\dfrac{[A^-]\cdot[H_3O^+]}{[AH]} = K_a$ (5)
- équilibre de dissociation de l'eau : $[H_3O^+]\cdot[OH^-] = K_e$ (6)

Résolution :

Des combinaisons d'équations semblables à celles réalisées pour le tampon seul conduisent à :

$$\frac{([c'] - [c''] + [H_3O^+] - [OH^-]).[H_3O^+]}{[c] + [c''] - [H_3O^+] + [OH^-]} = K_a$$

L'adjonction de HCl étant modérée, $[H_3O^+]$ et *a fortiori* $[OH^-]$ restent négligeables devant [*c*] et [*c* ']. Donc :

$$[H_3O^+] = K_a.\frac{[c] + [c'']}{[c'] - [c'']}$$

6.3 Influence d'une addittion de base

On ajoute, cette fois, un peu de base forte au tampon : par exemple KOH (hydroxyde de potassium) en quantité telle que $[K^+] = [c'']$. Un raisonnement tout à fait semblable au précédent fournit :

$$[H_3O^+] = K_a.\frac{[c] - [c'']}{[c'] + [c'']}$$

6.4 Pouvoir tampon

Pour chiffrer l'aptitude du tampon à amortir les additions d'acide ou de base, on définit un pouvoir tampon t.

Pouvoir tampon : $$t = \pm \frac{d[c'']}{dpH}$$

Le signe + correspond à l'addition d'une base (dpH > 0) tandis que le signe – correspond à l'addition d'un acide (dpH < 0) : on attribue, ainsi, une valeur positive au pouvoir tampon.

Un tampon est d'autant meilleur que son pouvoir tampon est plus grand.

Comme on l'a vu lors de l'étude du dosage d'un acide faible par une base forte, le pouvoir tampon est maximum pour $c = c'$.

7 Enoncés des exercices corrigés

Les solutions de ces exercices sont fournies dans le paragraphe 8.

Dans tous ces exercices, on considère que la température est 298 K, ce qui amène à prendre comme valeur de la constante de dissociation de l'eau : $K_e = 1{,}00.10^{-14}$.

Exercice 5.1

On dissout 1,12 dm^3 de chlorure d'hydrogène (gaz), à 25 °C, sous une pression de $1{,}00.10^5$ Pa, dans 2,00 dm^3 d'eau. Calculer le pH de la solution obtenue.

Exercice 5.2

Calculer le pH d'une solution aqueuse d'hydroxyde de sodium dont la concentration c est :

1/ 0,100 mol l^{-1} 2/ $5{,}00.10^{-3}$ mol l^{-1} 3/ $7{,}00.10^{-4}$ mol l^{-1}
4/ $8{,}00.10^{-6}$ mol l^{-1} 5/ $1{,}00.10^{-7}$ mol l^{-1}.

Exercice 5.3

1/ Calculer le pH d'une solution aqueuse (S_1) d'acide monochloroacétique de concentration $c = 1{,}00.10^{-2}$ mol l^{-1}, sachant que la constante K_a du couple $CH_2ClCOOH$ / CH_2ClCOO^- est égale à $1{,}40.10^{-3}$.

2/ Calculer le pH d'une solution aqueuse (S_2) de triméthylamine $(CH_3)_3N$, de concentration $c = 0{,}800$ mol l^{-1}, sachant que la constante K_a du couple $(CH_3)_3NH^+$ / $(CH_3)_3N$ est égale à $1{,}35.10^{-10}$.

3/ Calculer le pH d'une solution aqueuse (S_3) 0,300 mol l^{-1} de chlorure d'ammonium (NH_4Cl), sachant que la constante K_a du couple NH_4^+/NH_3 est égale à $5{,}55.10^{-10}$.

Exercice 5.4

Un récipient contient 20,0 cm^3 d'une solution 0,100 mol l^{-1} d'acide formique (de constante d'acidité $K_a = 1{,}772.10^{-4}$). On verse dans cette solution un volume V d'une solution 0,100 mol l^{-1} d'hydroxyde de sodium. Calculer le pH du mélange :

1/ Quand $V = 5{,}0$ cm^3.

2/ Quand $V = 20{,}0$ cm^3.

Exercice 5.5

A 25°C, la solubilité du dioxyde de carbone dans l'eau est égale à $1{,}70.10^{-5}$ mol l^{-1} (pour une pression normale et une teneur moyenne de l'air en CO_2). Sachant qu'à cette température les constantes d'acidité des couples CO_2, H_2O/HCO_3^- et HCO_3^-/CO_3^{2-} ont respectivement les valeurs $K_{a1} = 4{,}47.10^{-7}$ et $K_{a2} = 5{,}62.10^{-11}$, calculer le pH d'une solution saturée de dioxyde de carbone dans ces conditions.

Exercice 5.6

On effectue le dosage d'une solution de méthylamine (CH_3NH_2) par une solution d'acide chlorhydrique. La concentration de la méthylamine est $c = 0{,}120$ mol l^{-1} et la constante d'acidité du couple $CH_3NH_3^+/CH_3NH_2$ est $K_a = 2{,}00.10^{-11}$. Dans tout cet exercice, on ne tient pas compte de l'effet de dilution, et on considère donc que c reste constante.

1/ Déterminer pour quelle valeur du taux d'équivalence x, le mélange est exactement à la neutralité.

2/ Calculer le pH du mélange pour les valeurs suivantes du taux d'équivalence :

a : $x = 0$; b : $x = 0{,}25$; c : $x = 0{,}50$; d : $x = 0{,}75$; e : $x = 0{,}95$; f : $x = 0{,}99$; g : $x = 1$.

8 Corrigés des exercices

Exercice 5.1

Calculons d'abord la quantité de HCl dissous : elle est obtenue par application de l'équation d'état des gaz parfaits.

$$n\,(\mathrm{HCl}) = \frac{P.V\,(\mathrm{HCl})}{R.T} = \frac{1{,}00.10^5 \times 1{,}12.10^{-3}}{8{,}314 \times 298}$$

Concentration de la solution de HCl :

$$c = \frac{n\,(\mathrm{HCl})}{V\ (\text{solution})} = \frac{1{,}00.10^5 \times 1{,}12.10^{-3}}{8{,}314 \times 298 \times 2{,}00} = 2{,}26.10^{-2}\ \mathrm{mol\ dm^{-3}}$$

HCl, acide fort, est totalement dissocié :

$$\mathrm{HCl + H_2O \longrightarrow H_3O^+ + Cl^-}$$

Les seules espèces à considérer sont : Cl^-, H_3O^+ et OH^-. En fait, la simple observation de la valeur de la concentration de l'acide suffit pour affirmer que les ions OH^- sont en quantité négligeable devant les ions H_3O^+.

L'équation d'électroneutralité se réduit à : $[H_3O^+] = [Cl^-]$.

Jointe à l'équation de bilan : $[Cl^-] = [c\,]$

elle fournit immédiatement : $[H_3O^+] = [c\,]$

et donc : $\mathrm{pH} = -\log_{10}[c\,] = -\log_{10} 2{,}26.10^{-2} = 1{,}65$.

Exercice 5.2

Dissous dans l'eau, l'hydroxyde de sodium se dissocie totalement :

$$\mathrm{NaOH \longrightarrow Na^+ + OH^-}$$

Les espèces présentes sont : Na^+, OH^- et H_3O^+.

Equations :

- électroneutralité : $[H_3O^+] + [Na^+] = [OH^-]$ (1)
- bilan sur l'hydroxyde : $[Na^+] = [c\,]$ (2)
- équilibre de dissociation de l'eau : $[H_3O^+]\cdot[OH^-] = K_e$ (3)

Pour toutes les solutions pour lesquelles c est supérieur ou égal à 10^{-6} (solutions a, b, c et d) : $[H_3O^+] << [OH^-]$. Donc :

$(1) + (2) \Rightarrow [OH^-] = [c\,]$

$(3) \Rightarrow \quad [H_3O^+] = \dfrac{K_e}{[c\,]}$

$$\mathrm{pH} = \mathrm{p}K_e + \log_{10}[c\,]$$

L'application numérique fournit :

1/ pH = 13,00 2/ pH = 11,70 3/ pH = 10,85 4/ pH = 8,90

5/ La solution n'est pas assez concentrée pour que $[H_3O^+]$ soit négligeable devant $[OH^-]$.

$$(1) + (2) + (3) \Rightarrow [c] + [H_3O^+] = \frac{K_e}{[H_3O^+]}$$

On doit résoudre l'équation du deuxième degré :

$$[H_3O^+]^2 + [c]\cdot[H_3O^+] - K_e = 0$$

La racine positive de cette équation est la solution cherchée :

$$[H_3O^+] = \frac{-[c] + \sqrt{[c]^2 + 4.K_e}}{2}$$

$$[H_3O^+] = \frac{-1{,}00.10^{-7} + \sqrt{1{,}00.10^{-14} + 4 \times 1{,}00.10^{-14}}}{2} = 6{,}18.10^{-8}$$

$$pH = 7{,}21$$

Exercice 5.3

1/ Solution S_1 : l'acide monochloroacétique est un acide faible. Il y a donc un équilibre de dissociation :

$$CH_2ClCO_2H + H_2O \rightleftharpoons CH_2ClCO_2^- + H_3O^+$$

Les espèces présentes sont : CH_2ClCO_2H, $CH_2ClCO_2^-$, H_3O^+ et OH^-.

Equations :

- électroneutralité : $[H_3O^+] = [OH^-] + [CH_2ClCO_2^-]$ (1)
- bilan sur l'acide : $[CH_2ClCO_2H] + [CH_2ClCO_2^-] = [c]$ (2)
- équilibre acido-basique : $\dfrac{[CH_2ClCO_2^-].[H_3O^+]}{[CH_2ClCO_2H]} = K_a$ (3)
- équilibre de dissociation de l'eau : $[H_3O^+]\cdot[OH^-] = K_e$ (4)

Hypothèse 1 : $[OH^-] << [H_3O^+]$

$(1) \Rightarrow$ $[CH_2ClCO_2^-] = [H_3O^+]$

$(2) \Rightarrow$ $[CH_2ClCO_2H] = [c] - [H_3O^+]$

$$(3) \Rightarrow \frac{[H_3O^+]^2}{[c] - [H_3O^+]} = K_a$$

Hypothèse 2 : $[H_3O^+] << [c]$

Sous cette hypothèse :

$$[H_3O^+] = \sqrt{[c].K_a} = \sqrt{1,00.10^{-2} \times 1,40.10^{-3}} = 3,74.10^{-3}$$

Cette valeur de $[H_3O^+]$ n'est pas négligeable devant $[c]$. L'hypothèse 2 n'est pas vérifiée et il faut résoudre l'équation du deuxième degré :

$$[H_3O^+]^2 + K_a \cdot [H_3O^+] - K_a \cdot [c] = 0$$
$$[H_3O^+]^2 + 1,40.10^{-3} \cdot [H_3O^+] - 1,40.10^{-5} = 0$$

La racine positive est : $[H_3O^+] = 3,11.10^{-3}$

$$pH = 2,51.$$

L'hypothèse 1 est parfaitement vérifiée.

2/ Solution S_2 : la triméthylamine est une base faible :

$$(CH_3)_3N + H_2O \rightleftharpoons (CH_3)_3NH^+ + OH^-$$

Les espèces présentes sont : $(CH_3)_3N$, $(CH_3)_3NH^+$, OH^- et H_3O^+.

Equations :

- électroneutralité : $[(CH_3)_3NH^+] + [H_3O^+] = [OH^-]$ (1)
- bilan sur la base : $[(CH_3)_3N] + [(CH_3)_3NH^+] = [c]$ (2)
- équilibre acido-basique : $\dfrac{[(CH_3)_3N].[H_3O^+]}{[(CH_3)_3NH^+]} = K_a$ (3)
- équilibre de dissociation de l'eau : $[H_3O^+] \cdot [OH^-] = K_e$ (4)

Hypothèse 1 : $[H_3O^+] << [OH^-]$

(1) ⇒ $[(CH_3)_3NH^+] = [OH^-]$

(2) ⇒ $[(CH_3)_3N] = [c] - [OH^-]$

(3) + (4) ⇒ $K_a = \dfrac{([c] - [OH^-]) \cdot [H_3O^+]}{[OH^-]} = \dfrac{([c] - [OH^-]) \cdot K_e}{[OH^-]^2}$

Hypothèse 2 : $[OH^-] << [c]$

Sous cette hypothèse :

$$[OH^-] = \sqrt{\frac{[c] \cdot K_e}{K_a}} = \sqrt{\frac{0,800 \times 1,00.10^{-14}}{1,35.10^{-10}}} = 7,70.10^{-3}$$

Les deux hypothèses sont vérifiées.

(4) $\Rightarrow$ $[H_3O^+] = 1{,}30.10^{-12}$.

$$pH = 11{,}89.$$

3/ Solution S_3 : le chlorure d'ammonium se dissocie :

$$NH_4Cl \longrightarrow NH_4^+ + Cl^-$$

mais l'ion ammonium est l'acide conjugué de la base NH_3 :

$$NH_4^+ + H_2O \rightleftharpoons NH_3 + H_3O^+$$

Les espèces présentes sont : NH_4^+, NH_3, Cl^-,OH^- et H_3O^+.

Equations :

- électroneutralité : $[NH_4^+] + [H_3O^+] = [OH^-] + [Cl^-]$ (1)
- bilan sur les ions Cl^- : $[Cl^-] = [c]$ (2)
- bilan sur NH_4^+ et NH_3 : $[NH_4^+] + [NH_3] = [c]$ (3)
- équilibre acido-basique : $\dfrac{[NH_3].[H_3O^+]}{[NH_4^+]} = K_a$ (4)
- équilibre de dissociation de l'eau : $[H_3O^+].[OH^-] = K_e$ (5)

(1) + (2) $\Rightarrow$ $[NH_4^+] = [c] + [OH^-] - [H_3O^+]$

Or, l'équation (3) montre que : $[NH_4^+] < [c]$. Ceci implique que l'on soit en milieu acide : $[OH^-] < [H_3O^+]$.

Hypothèse 1 : $[OH^-] << [H_3O^+]$

Le résultat précédent devient :

(1) + (2) $\Rightarrow$ $[NH_4^+] = [c] - [H_3O^+]$

(3) $\Rightarrow$ $[NH_3] = [H_3O^+]$

(4) $\Rightarrow$ $\dfrac{[H_3O^+]^2}{[c] - [H_3O^+]} = K_a$

Hypothèse 2 : $[H_3O^+] << [c]$

$[H_3O^+] = \sqrt{K_a.[c]} = \sqrt{5{,}50.10^{-10} \times 0{,}300} = 1{,}29.\ 10^{-5}$

Les deux hypothèses se trouvent vérifiées.

$$pH = 4{,}89$$

Exercice 5.4

L'acide formique (ou méthanoïque) est un acide faible :

$$HCO_2H + H_2O \rightleftharpoons HCO_2^- + H_3O^+$$

En présence d'hydroxyde de sodium, les espèces en solution sont :

$$HCO_2H,\ HCO_2^-,\ Na^+,\ H_3O^+ \text{ et } OH^-.$$

Equations :

- électroneutralité : $[Na^+] + [H_3O^+] = [OH^-] + [HCO_2^-]$ (1)
- bilan sur l'acide : $[HCO_2H] + [HCO_2^-] = [c]$ (2)
- bilan sur l'hydroxyde de sodium : $[Na^+] = [c']$ (3)
- équilibre acido-basique : $\dfrac{[HCO_2^-].[H_3O^+]}{[HCO_2H]} = K_a$ (4)
- équilibre de dissociation de l'eau : $[H_3O^+]\cdot[OH^-] = K_e$ (5)

On désigne par c et c' les concentrations analytiques de l'acide et de l'hydroxyde dans le mélange :

$$[c] = 0{,}100 \times \frac{20{,}0}{20{,}0 + V} \quad \text{et} \quad [c'] = 0{,}100 \times \frac{V}{20{,}0 + V}$$

(1) + (3) $\Rightarrow$ $\quad [HCO_2^-] = [c'] + [H_3O^+] - [OH^-]$

(2) $\Rightarrow$ $\quad [HCO_2H] = [c] - [c'] - [H_3O^+] + [OH^-]$

(4) $\Rightarrow$ $\quad \dfrac{([c'] + [H_3O^+] - [OH^-]).\ [H_3O^+]}{[c] - [c'] - [H_3O^+] + [OH^-]} = K_a$ (6)

Cette équation générale se simplifie dans les cas particuliers que nous allons examiner.

1/ $V = 5\ cm^3$.

Pour cette valeur de V, $[c] = 0{,}080$ et $[c'] = 0{,}020$. Le milieu est donc encore fortement acide : $[OH^-] \ll [H_3O^+]$.

L'équation (6) se simplifie :

$$\frac{([c'] + [H_3O^+]).\ [H_3O^+]}{[c] - [c'] - [H_3O^+]} = K_a$$

$$[H_3O^+]^2 + ([c'] + K_a)\cdot[H_3O^+] - K_a\cdot([c] - [c']) = 0$$

$$[H_3O^+]^2 + (0{,}020 + 1{,}772.10^{-4})\cdot[H_3O^+] - 1{,}772.10^{-4} \times 0{,}060 = 0$$

La racine positive est : $[H_3O^+] = 5{,}14.10^{-4}$.

$$pH = 3{,}29$$

2/ $V = 20 \text{ cm}^3$.

Pour cette valeur de V, $[c] = 0{,}050$ et $[c'] = 0{,}050$. On est à l'équivalence : le milieu doit être légèrement basique.

Hypothèse 1 : $[H_3O^+] \ll [OH^-]$

Hypothèse 2 : $[OH^-] \ll [c']$

L'équation (6) se simplifie :

$$K_a = \frac{[c'].[H_3O^+]}{[OH^-]} = \frac{[c'].[H_3O^+]^2}{K_e}$$

$$[H_3O^+] = \sqrt{\frac{K_a.K_e}{[c']}} = \sqrt{\frac{1{,}772.10^{-4} \times 1{,}00.10^{-14}}{0{,}050}} = 5{,}95.10^{-9}$$

Les deux hypothèses sont vérifiées.

$$pH = 8{,}23$$

Exercice 5.5

Le dioxyde de carbone dissous dans l'eau est un diacide faible :

$$CO_2, H_2O + H_2O \rightleftharpoons HCO_3^- + H_3O^+$$

$$HCO_3^- + H_2O \rightleftharpoons CO_3^{2-} + H_3O^+$$

Espèces présentes : H_2CO_3, HCO_3^-, CO_3^{2-}, H_3O^+ et OH^-

Equations :

- électroneutralité : $[HCO_3^-] + 2\cdot[CO_3^{2-}] + [OH^-] = [H_3O^+]$ (1)
- bilan sur l'acide : $[H_2CO_3] + [HCO_3^-] + [CO_3^{2-}] = [c]$ (2)
- 1er équilibre acido-basique : $\dfrac{[HCO_3^-].[H_3O^+]}{[H_2CO_3]} = K_{a1}$ (3)
- 2e équilibre acido-basique : $\dfrac{[CO_3^{2-}].[H_3O^+]}{[HCO_3^-]} = K_{a2}$ (4)
- équilibre de dissociation de l'eau : $[H_3O^+]\cdot[OH^-] = K_e$ (5)

(4) $\Rightarrow$ $$\frac{[CO_3^{2-}]}{[HCO_3^-]} = \frac{K_{a2}}{[H_3O^+]}$$

Nous sommes en milieu acide ($[H_3O^+] > 10^{-7}$). Donc :

$$\frac{[CO_3^{2-}]}{[HCO_3^-]} < \frac{5{,}62.10^{-11}}{10^{-7}} = 5{,}62.10^{-4}$$

On peut affirmer que : $[CO_3^{2-}] << [HCO_3^-]$

Hypothèse 1 : $[OH^-] << [H_3O^+]$

(1) $\Rightarrow$ $[HCO_3^-] = [H_3O^+]$

(2) $\Rightarrow$ $[H_2CO_3] = [c] - [H_3O^+]$

(3) $\Rightarrow$ $\dfrac{[H_3O^+]^2}{[c] - [H_3O^+]} = K_{a1}$

On est ramené au cas d'un monoacide.

Hypothèse 2 : $[H_3O^+] << [c]$

$[H_3O^+] = \sqrt{[c].K_{a1}} = \sqrt{1{,}70.10^{-5} \times 4{,}47.10^{-7}} = 2{,}76.10^{-6}$

L'hypothèse 2 n'est pas vérifiée. Il faut résoudre l'équation du deuxième degré :

$$[H_3O^+]^2 + K_{a1}\cdot[H_3O^+] - K_{a1}\cdot[c] = 0$$
$$[H_3O^+]^2 + 4{,}47.10^{-7}[H_3O^+] - 7{,}60.10^{-12} = 0$$

Racine positive : $[H_3O^+] = 2{,}54.10^{-6}$

Malgré la faible concentration du dioxyde de carbone dissous, l'hypothèse 1 est vérifiée.

$$pH = 5{,}59.$$

Exercice 5.6

La méthylamine est une base faible :

$$CH_3NH_2 + H_2O \rightleftharpoons CH_3NH_3^+ + OH^-$$

L'acide chlorhydrique est un acide fort :

$$HCl + H_2O \longrightarrow Cl^- + H_3O^+$$

Espèces présentes : CH_3NH_2, $CH_3NH_3^+$, Cl^-, H_3O^+ et OH^-

Equations :

- électroneutralité : $[CH_3NH_3^+] + [H_3O^+] = [Cl^-] + [OH^-]$ (1)
- bilan sur l'amine : $[CH_3NH_2] + [CH_3NH_3^+] = [c]$ (2)
- bilan sur les ions Cl^- : $[Cl^-] = [c]\cdot x$ (3)

- équilibre acido-basique : $\dfrac{[CH_3NH_2].[H_3O^+]}{[CH_3NH_3^+]} = K_a$ (4)

- équilibre de dissociation de l'eau: $[H_3O^+]\cdot[OH^-] = K_e$ (5)

$(1) + (3) \Rightarrow \quad [CH_3NH_3^+] = [c]\cdot x + [OH^-] - [H_3O^+]$

$(3) \Rightarrow \quad [CH_3NH_2] = [c]\cdot (1 - x) - [OH^-] + [H_3O^+]$

$$(4) \Rightarrow \quad \frac{([c]\cdot(1 - x) + [H_3O^+] - [OH^-])\cdot [H_3O^+]}{[c]\cdot x + [OH^-] - [H_3O^+]} = K_a \qquad (6)$$

L'équation (6) peut être simplifiée en fonction du domaine de pH étudié.

1/ Valeur de x à la neutralité : pour $[H_3O^+] = [OH^-] = K_e^{1/2}$, l'équation (6) devient :

$$\frac{[c]\cdot(1 - x)\cdot\sqrt{K_e}}{[c]\cdot x} = K_a$$

$$x = \frac{\sqrt{K_e}}{K_a + \sqrt{K_e}} = \frac{1{,}00.10^{-7}}{2{,}00.10^{-11} + 1{,}00.10^{-7}} = 0{,}9998 \# 1{,}00$$

La neutralité est pratiquement confondue avec le point d'équivalence.

2/ Calculs de pH : tant que le milieu reste basique, donc presque jusqu'au point d'équivalence, $[H_3O^+]$ est négligeable devant $[OH^-]$ et l'équation (6) se simplifie :

$$K_a = \frac{([c]\cdot(1 - x) - [OH^-])\cdot [H_3O^+]}{[c]\cdot x + [OH^-]} = \frac{([c]\cdot(1 - x) - [OH^-])\cdot K_e}{[c]\cdot x\cdot [OH^-] + [OH^-]^2}$$

$$K_a\cdot[OH^-]^2 + (K_a\cdot[c]\cdot x + K_e)\cdot[OH^-] - K_e\cdot[c]\cdot(1 - x) = 0$$

$$2{,}00.10^{-11}\cdot[OH^-]^2 + (2{,}40.10^{-12}\cdot x + 1{,}00.10^{-14})\cdot[OH^-] - 1{,}20.10^{-15}\cdot(1 - x) = 0$$

Il suffit de prendre la racine positive de cette équation, puis de calculer $[H_3O^+]$ au moyen de l'équation (5).

L'application numérique fournit :

a/ $x = 0$:	$[OH^-] = 7{,}50.10^{-3}$	pH = 11,88
b/ $x = 0{,}25$:	$[OH^-] = 1{,}41.10^{-3}$	pH = 11,15
c/ $x = 0{,}50$:	$[OH^-] = 4{,}92.10^{-4}$	pH = 10,69

On peut remarquer que, comme dans le cas du dosage d'un acide faible par une base forte, le pH de demi-équivalence est, à très peu près, égal au pK_a du couple. Le pouvoir tampon de cette solution est également maximum pour $x = 0,50$.

d/ $x = 0,75$: $[OH^-] = 1,65.10^{-4}$ pH = 10,22

e/ $x = 0,95$: $[OH^-] = 2,62.10^{-5}$ pH = 9,42

f/ $x = 0,99$: $[OH^-] = 5,03.10^{-6}$ pII = 8,70

L'hypothèse d'un milieu suffisamment basique pour que l'approximation faite soit justifiée demeure vérifiée.

g/ pH à l'équivalence ($x = 1$) : l'équation (6) prend la forme :

$$\frac{([H_3O^+] - [OH^-]) \cdot [H_3O^+]}{[c] + [OH^-] - [H_3O^+]} = K_a$$

Hypothèse 1 : $[OH^-] << [H_3O^+]$

Bien que le résultat de la question 1 montre que la neutralité est très proche du point d'équivalence, cette hypothèse peut être envisagée.

$$\frac{[H_3O^+]^2}{[c] - [H_3O^+]} = K_a$$

Hypothèse 2 : $[H_3O^+] << [c]$

$$[H_3O^+] = \sqrt{[c].K_a} = \sqrt{0,120 \times 2,00.10^{-11}} = 1,55.10^{-6}$$

Les deux hypothèses sont vérifiées.

pH = 5,81.

9 Exercices non résolus

Exercice 5.7

Calculer le pH des solutions aqueuses suivantes :

1/ acide sulfurique à la concentration $1,50.10^{-3}$ mol l^{-1}.

2/ hydroxyde de potassium à la concentration $1,50.10^{-3}$ mol l^{-1}.

3/ hydroxyde de potassium à la concentration $0,650.10^{-6}$ mol l^{-1}.

Les deux acidités de H_2SO_4 peuvent être considérées comme fortes et KOH est une base forte.

Exercice 5.8

Soit une solution d'acide formique de concentration $c = 0{,}160$ mol l^{-1}. Etablir l'expression permettant le calcul de la concentration des ions H_3O^+ dans la solution et calculer le pH de cette solution.

Constante d'acidité du couple HCO_2H/HCO_2^- : $K_a = 1{,}772.10^{-4}$.

Exercice 5.9

Calculer le pH d'une solution aqueuse de diméthylamine, dont la concentration est :

1/ $c = 1{,}00.10^{-3}$ mol l^{-1}.

2/ $c = 1{,}00.10^{-6}$ mol l^{-1}.

La constante d'acidité du couple $(CH_3)_2NH_2^+/(CH_3)_2NH$ a pour valeur : $K_a = 1{,}35.10^{-11}$.

Exercice 5.10

1/ Calculer le pH d'une solution aqueuse 0,250 mol l^{-1} d'acétate de sodium.

2/ Calculer le pH d'une solution aqueuse 0,250 mol l^{-1} d'acétate de sodium et 0,125 mol l^{-1} d'acide acétique, sachant que la constante K_a du couple CH_3COOH/CH_3COO^- est égale à $1{,}753.10^{-5}$

Exercice 5.11

Calculer le pH d'une solution aqueuse 0,150 mol l^{-1} d'acide oxalique, sachant que la constante d'acidité du couple $C_2O_4H_2/C_2O_4H^-$ est égale à $5{,}02.10^{-2}$ et celle du couple $C_2O_4H^-/C_2O_4^{2-}$ est égale à $5{,}18.10^{-5}$.

Exercice 5.12

On effectue le titrage d'une solution d'acide monobromoacétique ($CH_2BrCOOH$) de concentration $c = 0{,}200$ mol dm^{-3} par une solution d'hydroxyde de sodium de concentration 0,500 mol dm^{-3}. Le volume de la solution d'acide est de 200 cm^3 .

La constante K_a du couple $CH_2BrCOOH/CH_2BrCOO^-$ est $2{,}05.10^{-3}$.

1/ Etablir la relation qui existe entre K_a, c_a concentration de l'acide dans la solution) et le taux d'équivalence x.

2/ En justifiant les simplifications effectuées dans la relation établie, déterminer l'expression du pH de la solution :

a : avant d'ajouter l'hydroxyde de sodium (calculer sa valeur).

b : quand x est compris entre 0 et 1. Examiner le cas particulier où $x = 0{,}50$. Donner la valeur du pH et déterminer le volume de solution d'hydroxyde de sodium ajouté.

c : quand $x = 1$. Déterminer le pH ainsi que le volume de solution d'hydroxyde de sodium ajouté.

Rappel : le taux d'équivalence est (dans le cas du dosage d'un acide AH par une solution d'hydroxyde de sodium) :

$$x = \frac{n\,(\mathrm{Na^+})}{n\,(\mathrm{AH}) + n\,(\mathrm{A^-})}$$

Exercice 5.13

Soit une solution contenant c mol l^{-1} d'ammoniac et c' mol l^{-1} de chlorure d'ammonium.

1/ Donner l'expression du pH sous l'hypothèse que la concentration des ions OH^- est négligeable devant c et c'.

2/ Calculer la valeur du pH de la solution si $c = c' = 0{,}110$ mol l^{-1}.

3/ Quelle propriété possède une telle solution ?

4/ Calculer la nouvelle valeur du pH, quand on ajoute à la solution de l'acide chlorhydrique en quantité telle que la concentration de cet acide soit $3{,}00.10^{-2}$ mol l^{-1}.

Donnée numérique : la constante d'acidité du couple NH_4^+/NH_3 est : $K_a = 5{,}64.10^{-10}$.

8 Résultats numériques des exercices non résolus

Exercice 5.7 **1/** pH = 2,52. **2/** pH = 11,18. **3/** pH = 7,82.

Exercice 5.8 $[\mathrm{H_3O^+}] = \dfrac{-K_a + \sqrt{K_a^2 + 4.K_a.[c]}}{2}$; pH = 2,28.

Exercice 5.9 **1/** pH = 10,75. **2/** pH = 8,00.

Exercice 5.10 **1/** pH = 9,08. **2/** pH = 5,06.

Exercice 5.11 pH = 1,19.

Exercice 5.12 **1/** $K_a = \dfrac{[\mathrm{H_3O^+}].([\mathrm{H_3O^+}] - [\mathrm{OH^-}] + [c_a].x)}{[c_a].(1-x) + [\mathrm{OH^-}] - [\mathrm{H_3O^+}]}$

2/ a : $[\mathrm{H_3O^+}]$ est la racine positive de l'équation :

$[\mathrm{H_3O^+}]^2 + K_a \cdot [\mathrm{H_3O^+}] - c_a \cdot K_a = 0$; pH = 1,72.

b : $[\mathrm{H_3O^+}]$ est la racine positive de l'équation

$[\mathrm{H_3O^+}]^2 + (c_a \cdot x + K_a) \cdot [\mathrm{H_3O^+}] - c_a \cdot K_a \cdot (1-x) = 0$.

Pour $x = 0,5$: pH = 2,71 et $V_b = 40 \text{ cm}^3$.

c : $[H_3O^+] = \dfrac{\sqrt{K_e.K_a}}{c_a + K_a}$; pH = 7,92.

Exercice 5.13 **1/** $pH = pK_a + \log_{10}\dfrac{c}{c'}$.

2/ pH = 9,25.

3/ La solution est un tampon. pH = 9,01.

6. *Equilibres de solubilité*

1 Solubilité

Certains composés liquides peuvent dissoudre d'autres composés solides ou gazeux, pour former des solutions.

Un tel composé liquide (qui est le constituant majoritaire de la solution) est appelé **solvant**.

Les composés dissous (qui sont les constituants minoritaires) sont appelés **solutés.**

Le processus de dissolution dépend, en particulier, de la nature du solvant et du soluté. Aucun corps solide ou gazeux n'est soluble dans tous les solvants et aucun solvant ne peut dissoudre tous les solutés.

Un corps soluble dans un solvant ne l'est pas en toutes proportions : il existe, à chaque température, une concentration qui ne peut pas être dépassée. Dès que cette concentration du soluté est atteinte, le processus de dissolution s'arrête. Cette concentration maximum est appelée **solubilité** du soluté dans le solvant à la température considérée.

L'existence d'une concentration maximum d'un soluté dans le solvant s'interprète facilement par application du deuxième principe de la thermodynamique. La réaction de dissolution d'un soluté S (par exemple solide) s'écrit :

$$\mathrm{S(s)} \longrightarrow \mathrm{S(sol)}$$

avec S(s) = S à l'état solide et S(sol) = S en solution.

L'enthalpie libre molaire de dissolution ($\Delta_{\mathrm{sln}}G_{\mathrm{m}}$) est :

$$\Delta_{\mathrm{sln}}G_{\mathrm{m}} = G_{\mathrm{m}}(\mathrm{S, sol}) - G_{\mathrm{m}}{}^*(\mathrm{S, s})$$

$G_{\mathrm{m}}(\mathrm{S, sol})$ est l'enthalpie libre molaire de S dans la solution et $G_{\mathrm{m}}{}^*(\mathrm{S, s})$ est l'enthalpie libre molaire de S à l'état pur et solide.

La dissolution est possible si $\Delta_{\mathrm{sln}}G_{\mathrm{m}} < 0$, donc si :

$$G_{\mathrm{m}}(\mathrm{S, sol}) < G_{\mathrm{m}}{}^*(\mathrm{S, s})$$

Dans ce cas, la concentration c de S croît pendant que se poursuit le processus de dissolution et il en est de même pour l'enthalpie libre molaire de S en solution, en vertu de la relation :

$$G_m(S, sol) = G_m°(S, sol) + R \cdot T \cdot \ln (c / c°)$$

Le processus de dissolution s'arrête quand c atteint la valeur c_s pour laquelle $G_m(S, sol)$ devient égal à $G_m{}^*(S, s)$. Quand c a atteint cette valeur c_s, qui est la solubilité de S dans le solvant, on a :

$$\Delta_{sln}G_m = 0$$

Le système est, alors, à l'équilibre de solubilité :

$$S(s) \rightleftharpoons S(sol)$$

La dissolution ne peut pas se poursuivre, puisqu'elle correspondrait à une valeur positive pour $\Delta_{sln}G_m$. La solution est dite **saturée** en ce soluté. La solubilité est aussi appelée **concentration à saturation**.

2 Produit de solubilité

Dans ce qui suit, nous nous limiterons au cas suivant :

- Le solvant est l'eau.
- Le soluté est un sel (donc un composé solide qui se dissocie en ions en solution aqueuse) **très peu soluble**.

Soit le sel solide $B_\nu A_{\nu'}$ très peu soluble. En accord avec la loi de dilution d'Ostwald, la très petite quantité de ce sel qui se dissout dans l'eau peut être considérée comme totalement dissociée en ions $A^{Z'-}$ et B^{Z+}. L'équilibre de solubilité s'écrit :

$$B_\nu A_{\nu'}(s) \rightleftharpoons \nu\, B^{Z+}(aq) + \nu'\, A^{Z'-}(aq)$$

A noter que l'on a, pour cause d'électroneutralité : $\nu \cdot Z = \nu' \cdot Z'$.

La constante de cet équilibre, que l'on désigne par K_s, s'écrit :

$$K_s = \frac{c\,(B^{Z+})_e^{\nu}}{c°} \cdot \frac{c\,(A^{Z'-})_e^{\nu'}}{c°}$$

que nous noterons, comme précédemment sous la forme simplifiée :

$$\boxed{K_s = [B^{Z+}]_e^{\nu} . [A^{Z'-}]_e^{\nu'}}$$

On lui donne le nom de **produit de solubilité**.

Exemple :

$$Bi_2S_3(s) \rightleftharpoons 2\, Bi^{3+}(aq) + 3\, S^{2-}(aq)$$

$$K_s = [Bi^{3+}]_e{}^2 \cdot [S^{2-}]_e{}^3$$

Le produit de solubilité d'un sel ne dépend (comme toute constante d'équilibre) que de la température. C'est une fonction croissante de la température.

3 Détermination de la solubilité d'un sel peu soluble

Les sels que l'on considère ici sont si peu solubles que la mesure de leur solubilité se révèle très difficile et même parfois impossible par les méthodes classiques d'analyse purement chimique. Certaines techniques électrochimiques permettent la détermination du produit de solubilité. Ce résultat permet d'accéder aisément à la connaissance de la solubilité.

3.1 Solubilité dans l'eau

Soit le sel peu soluble $B_\nu A_{\nu'}$ de solubilité c_s dans l'eau à la température *T*. Désignons par s la mesure de la solubilité, c'est-à-dire le rapport $c_s / c°$.

L'équation d'équilibre $B_\nu A_{\nu'}(s) \rightleftharpoons \nu\ B^{Z+}(aq) + \nu'\ A^{Z'-}(aq)$ montre que :

$$[B^{Z+}]_e = \nu \cdot s \quad \text{et} \quad [A^{Z'-}]_e = \nu' \cdot s$$

En portant ces résultats dans l'expression générale du produit de solubilité, on aboutit à :

$$K_s = \nu^{\nu} \cdot \nu'^{\nu'} \cdot s^{(\nu + \nu')}$$

Cette relation permet la détermination de s et de la solubilité c_s.

Exemple :

$$Cu(IO_3)_2(s) \rightleftharpoons Cu^{2+}(aq) + 2\ IO_3^-(aq)$$

$$[Cu^{2+}]_e = s \quad \text{et} \quad [IO_3^-]_e = 2 \cdot s$$

$$K_s = [Cu^{2+}]_e \cdot [IO_3^-]_e^2 = 4 \cdot s^3$$

$$s = \left(\frac{K_s}{4}\right)^{1/3}$$

A 298 K, $K_s = 2{,}01.10^{-7}$ et donc $c_s = 3{,}69.10^{-3}$ mol l^{-1}.

3.2 Solubilité dans une solution contenant l'une des espèces ioniques du sel considéré

Prenons un exemple : à 20 °C, le produit de solubilité du chlorure d'argent est $K_s = 2{,}56.10^{-10}$. En désignant toujours par s la mesure de la solubilité dans l'eau, on voit que l'équation d'équilibre de solubilité du chlorure d'argent dans l'eau

$$AgCl(s) \rightleftharpoons Ag^+(aq) + Cl^-(aq)$$

conduit à :

$$K_s = [Ag^+]_e \cdot [Cl^-]_e = s^2$$

On en déduit que la solubilité du chlorure d'argent dans l'eau, à 20 °C, est égale à $1{,}60.10^{-5}$ mol l^{-1}.

Envisageons, maintenant, la dissolution du chlorure d'argent dans une solution contenant déjà des ions chlorures, par exemple dans une solution de chlorure de sodium de concentration c ($[c] = c/c°$ = mesure de c).

Quand l'équilibre de solubilité du chlorure d'argent est atteint, la solution comporte trois espèces : Na^+, Ag^+ et Cl^-.

Les trois équations qui décrivent le système sont :

- électroneutralité : $[Ag^+]_e + [Na^+] = [Cl^-]_e$ (1)
- équilibre de solubilité : $K_s = [Ag^+]_e \cdot [Cl^-]_e$ (2)
- bilan : $[Na^+] = [c]$ (3)

Les ions Ag^+ ne proviennent que de la dissolution de AgCl et donc leur concentration mesure la nouvelle valeur de la solubilité c_s' et $[Ag^+] = s'$ (mesure de c_s').

(1) + (3) $\Rightarrow$ $[Cl^-]_e = [c] + s'$

(2) $\Rightarrow$ $s' \cdot ([c] + s') = K_s$

On aboutit à l'équation du deuxième degré :

$$s'^2 + s' \cdot [c] - K_s = 0$$

En pratique, une simplification se révèle très souvent justifiée : si s' est négligeable devant $[c]$, on aboutit à $s' = K_s / [c]$.

Dans l'exemple traité, pour $c = 0{,}100$ mol l^{-1}, on trouve $s' = 2{,}56.10^{-9}$ et on vérifie donc que l'on a bien $s' \ll [c]$.

On constate que la solubilité c_s' est plus faible, encore, que la solubilité c_s dans l'eau. Ce résultat est très important :

L'effet d'ion commun provoque toujours une diminution de la solubilité.

En conséquence, si (comme c'est le cas dans l'exemple qui vient d'être traité) on constate que s est négligeable devant $[c]$, on peut affirmer que s' sera négligeable devant $[c]$: ce n'est plus une hypothèse mais une certitude.

4 Précipitation

4.1 Cas général

Soit une solution contenant un ion que l'on veut extraire. On souhaite, par exemple, extraire les ions Ag^+ d'une solution de nitrate d'argent. Il suffit d'introduire des anions donnant avec Ag^+ un sel très peu soluble. Sachant que le chlorure d'argent présente ce caractère, il suffit de dissoudre un chlorure (par exemple NaCl).

La loi de Le Chatelier appliquée à l'équilibre

$$Ag^+(aq) + Cl^-(aq) \rightleftharpoons AgCl(s)$$

montre que plus on ajoute d'ions chlorures, plus on déplace l'équilibre vers la droite, donc dans le sens de la précipitation du chlorure d'argent.

A titre d'exemple, si on dissout du chlorure de sodium en quantité telle que la concentration en ions Cl^- soit 0,100 mol l^{-1}, il ne reste pratiquement plus d'ions Ag^+ dans la solution :

$$[Ag^+]_e = K_s / [Cl^-]_e = 2{,}56.10^{-9} \text{ à } 20\ °C.$$

Autrement dit, la quasi-totalité des ions Ag^+ se retrouve dans le précipité de chlorure d'argent.

4.2 Cas particulier des hydroxydes

Beaucoup d'hydroxydes métalliques sont très peu solubles (AgOH, $Mg(OH)_2$, $Al(OH)_3$, $Fe(OH)_3$, etc.).

4.2.1 Solubilité d'un hydroxyde dans l'eau

Soit l'hydroxyde métallique $M(OH)_n$, dont l'équilibre de solubilité s'écrit :

$$M(OH)_n(s) \rightleftharpoons M^{n+}(aq) + n\ OH^-(aq)$$

La production d'ions OH^- par dissolution de l'hydroxyde amène la solution à avoir un caractère plus ou moins basique. Nous devons donc prendre en considération l'équilibre de dissociation de l'eau.

Les espèces présentes sont les ions M^{n+}, OH^- et H_3O^+.

Les trois équations qui décrivent le système sont :

- électroneutralité : $n{\cdot}[M^{n+}]_e + [H_3O^+]_e = [OH^-]_e$ (1)
- équilibre de solubilité : $K_s = [M^{n+}]_e{\cdot}[OH^-]_e^{\,n}$ (2)
- équilibre de dissociation de l'eau : $K_e = [H_3O^+]_e{\cdot}[OH^-]_e$ (3)

En notant s la mesure de la solubilité de l'hydroxyde : $[M^{n+}]_e = s$.

(2) $\Rightarrow$ $[OH^-]_e = (\frac{K_s}{s})^{1/n}$

(3) $\Rightarrow$ $[H_3O^+]_e = K_e.(\frac{s}{K_s})^{1/n}$

(1) $\Rightarrow$ $n \cdot s^{(1 + 1/n)} + \frac{K_e}{K_s^{1/n}} . s^{2/n} - K_s^{1/n} = 0$

Sauf dans le cas particulier où n a la valeur 1 (par exemple pour AgOH) qui conduit à une équation de degré 2 en s, l'équation obtenue dans le cas général n'est pas simple à résoudre.

Heureusement, il est très souvent possible de faire intervenir une simplification. En effet, pour de nombreux hydroxydes, la basicité du milieu est suffisante pour que l'on puisse négliger $[H_3O^+]$ devant $[OH^-]$, ce qui revient à dire que la dissociation de l'eau est sans influence.

Dans ce cas, l'équation (1) se réduit à :

$$n \cdot [M^{n+}]_e = [OH^-]_e$$

et l'équation (2) fournit :

$$K_s = n^n \cdot s^{n+1} \quad \text{ou} \quad s = (\frac{K_s}{n^n})^{1/(n+1)}$$

La connaissance de la valeur du produit de solubilité permet de savoir si cette simplification est possible ou ne l'est pas. Si nous prenons comme base qu'une espèce est en quantité négligeable devant une autre si sa concentration est cent fois plus faible, $[H_3O^+]$ est négligeable devant $[OH^-]$ pour $[OH^-] > 10^{-6}$ à 298 K, ce qui entraîne $[M^{n+}] > 10^{-6}/n$ et donc :

$$K_s > \frac{10^{-6(n+1)}}{n}$$

La simplification s'applique, à 298 K :

- Pour les hydroxydes de type MOH (n = 1) si $K_s > 10^{-12}$.

- Pour les hydroxydes de type $M(OH)_2$ (n = 2) si $K_s > 5.10^{-19}$.

- Pour les hydroxydes de type $M(OH)_3$ (n = 3) si $K_s > 3,3.10^{-25}$.

4.2.2 Précipitation d'un hydroxyde

Lorsqu'un cation M^{n+}, dont l'hydroxyde est très peu soluble, se trouve dans une solution, il est possible d'obtenir sa précipitation sous forme d'hydroxyde en augmentant le pH du milieu par adjonction d'une base. La valeur maximum de la mesure de la concentration du cation est donnée par :

$$[M^{n+}]_e = \frac{K_s}{[OH^-]^n}$$

ou : $\log_{10} [M^{n+}]_e = \log_{10} K_s - n \cdot \log_{10} [OH^-]$

$$\log_{10} [M^{n+}]_e = \log_{10} K_s - n \cdot \log_{10} K_e - n \cdot pH$$

On voit que $[M^{n+}]_e$ diminue quand le pH augmente.

4.2.3 Précipitation sélective des hydroxydes

Il est possible de séparer deux cations présents dans une solution, si les produits de solubilité de leurs hydroxydes sont assez différents. Raisonnons sur un exemple : nous souhaitons séparer les cations Al^{3+} et Fe^{3+} présents dans une même solution. Les deux espèces ioniques sont à la même concentration $c = 0{,}100$ mol l^{-1}. On note $[c\ ] = c / c°$.

Les produits de solubilité des hydroxydes sont :

$K_{s1} = [Al^{3+}]_e \cdot [OH^-]_e{}^3 = 2{,}29.10^{-19}$ et $K_{s2} = [Fe^{3+}]_e \cdot OH^-]_e{}^3 = 1{,}07.10^{-22}$.

On verse de l'hydroxyde de sodium dans la solution pour élever le pH.

Tant que $[OH^-]$ reste inférieur à $(K_{s1}/[c\ ])^{1/3}$, l'hydroxyde d'aluminium ne précipite pas. Les ions Fe^{3+} restent également en solution, tant que $[OH^-]$ reste inférieur à $(K_{s2}/[c\ ])^{1/3}$.

Chacun des hydroxydes ne peut précipiter que lorsque $[OH^-]$ a atteint une valeur telle que l'équilibre de solubilité soit réalisé, c'est-à-dire :

- Pour les ions Al^{3+} : $[OH^-]_e = (K_{s1}/[c\ ])^{1/3} = 1{,}32.10^{-6}$ (pH = 8,12).
- Pour les ions Fe^{3+} : $[OH^-]_e = (K_{s2}/[c\ ])^{1/3} = 1{,}07.10^{-7}$ (pH = 7,01).

Donc, au fur et à mesure que l'on élève le pH :

- Pour pH < 7,01 : aucun précipité.
- Pour $7{,}01 \leq pH < 8{,}12$: précipitation de $Fe(OH)_3$ seul.
- Pour pH = 8,12 : début de la précipitation de $Al(OH)_3$.

Quand $Al(OH)_3$ commence à précipiter, $[OH^-]$ est égal à $1{,}32.10^{-6}$ et donc $[Fe^{3+}] = K_{s2}/[OH^-]^3 = 4{,}65.10^{-5}$. Les ions Fe ne sont plus qu'à l'état de traces dans la solution. En enlevant le précipité de $Fe(OH)_3$ juste avant d'atteindre la valeur 8,12 du pH, on réalise une séparation à peu près totale des cations.

5 Enoncés des exercices corrigés

Exercice 6.1

Calculer le produit de solubilité de chacun des composés ci-dessous, à 293 K, connaissant leur solubilité dans l'eau à cette température :

1/ AgCl : $c_s = 1{,}60.10^{-5}$ mol l^{-1}. 2/ PbI_2 : $c_s = 1{,}64.10^{-2}$ mol l^{-1}.

Exercice 6.2

Calculer la solubilité de chacun des composés ci-dessous, à 298 K, connaissant leur produit de solubilité à cette température :

1/ $BaSO_4$: $K_s = 1{,}08.10^{-10}$. 2/ CaF_2 : $K_s = 3{,}95.10^{-11}$.

Exercice 6.3

La solubilité de l'iodate de cuivre $Cu(IO_3)_2$ dans l'eau, à 298 K, est égale à $3{,}69.10^{-3}$ mol l^{-1}.

1/ Calculer le produit de solubilité de ce sel à 298 K.

2/ Calculer la solubilité de l'iodate de cuivre, à 298 K, dans une solution d'iodate de sodium 0,10 mol l^{-1}.

Exercice 6.4

Le produit de solubilité du thiocyanate d'argent (AgSCN), à 291 K, est $K_s = 1{,}06.10^{-12}$.

1/ Calculer la solubilité de ce sel dans l'eau.

2/ Calculer la solubilité de ce sel dans une solution dc sulfate d'argent (Ag_2SO_4) de concentration $2{,}00.10^{-3}$ mol l^{-1}.

3/ Dans 100 cm^3 d'une solution de nitrate d'argent ($AgNO_3$) de concentration $4{,}00.10^{-4}$ mol l^{-1}, on dissout du thiocyanate de sodium (NaSCN). On observe une précipitation.

a : Quelle est la nature de ce précipité ?

b : Pour quelle quantité de thiocyanate de sodium versé voit-on commencer la précipitation ?

Exercice 6.5

Le produit de solubilité de l'hydroxyde de zinc à 20 °C a pour valeur $1{,}80.10^{-14}$. La constante de dissociation de l'eau est : $K_e = 1{,}00.10^{-14}$.

1/ Calculer la solubilité de cet hydroxyde dans l'eau, à 20 °C.

2/ Soit une solution aqueuse de chlorure de zinc de concentration $1{,}00.10^{-3}$ mol l^{-1}. On verse de l'hydroxyde de sodium dans cette solution. Pour quelle valeur du pH voit-on apparaître un précipité d'hydroxyde de zinc ?

3/ Quand la quantité d'hydroxyde de sodium versée est telle que le pH soit égal à 11,23, quelle est la concentration des ions Zn^{2+} demeurés en solution ? Quelle quantité d'hydroxyde de zinc a-t-on précipitée par litre de solution ?

6 Corrigés des exercices

Exercice 6.1

1/ AgCl :

$$AgCl(s) \rightleftharpoons Ag^+(aq) + Cl^-(aq)$$

Aucun des ions formés n'intervient dans un équilibre acido-basique, le milieu est neutre ($[H_3O^+] = [OH^-]$) et l'équation d'électroneutralité se limite à :

$$[Ag^+] = [Cl^-] = s \quad (\text{avec } s = c_s / c°)$$

Equilibre de solubilité : $K_s = [Ag^+]{\cdot}[Cl^-]$

Donc : $K_s = s^2 = (1{,}60.10^{-5})^2$

$K_s = 2{,}56.10^{-10}$.

2/ PbI_2 :

$$PbI_2(s) \rightleftharpoons Pb^{2+}(aq) + 2I^-(aq)$$

Electroneutralité : $2{\cdot}[Pb^{2+}] = [I^-]$

Equilibre de solubilité : $K_s = [Pb^{2+}]{\cdot}[I^-]^2$

$[Pb^{2+}] = s$ et donc : $[I^-] = 2{\cdot}s$

$$K_s = s{\cdot}(2{\cdot}s)^2 = 4{\cdot}s^3 = 4 \times (1{,}64.10^{-2})^3$$

$$K_s = 1{,}76.10^{-5}.$$

Exercice 6.2

1/ $BaSO_4$:

$$BaSO_4(s) \rightleftharpoons Ba^{2+}(aq) + SO_4^{2-}(aq)$$

Electroneutralité : $2{\cdot}[Ba^{2+}] = 2{\cdot}[SO_4^{2-}]$

Equilibre de solubilité : $K_s = [Ba^{2+}]{\cdot}[SO_4^{2-}]$

$$[Ba^{2+}] = [SO_4^{2-}] = s$$

$$K_s = s^2$$

$$s = \sqrt{K_s} = \sqrt{1{,}08.10^{-10}} = 1{,}04.10^{-5}$$

Solubilité : $c_s = 1{,}04.10^{-5}\ \text{mol l}^{-1}$.

2/ CaF_2 :

$$CaF_2(s) \rightleftharpoons Ca^{2+}(aq) + 2F^-(aq)$$

Electroneutralité : $2\cdot[Ca^{2+}] = [F^-]$

Equilibre de solubilité : $K_s = [Ca^{2+}]\cdot[F^-]^2$

$$[Ca^{2+}] = s \text{ et } [SO_4^{2-}] = 2\cdot s$$
$$K_s = 4\cdot s^3$$
$$s = \sqrt[3]{\frac{K_s}{4}} = \sqrt[3]{\frac{3{,}95.10^{-11}}{4}} = 2{,}15.\,10^{-4}$$

Solubilité : $c_s = 2{,}15.10^{-4}$ mol l^{-1}.

Exercice 6.3

1/ Produit de solubilité :

$$Cu(IO_3)(s) \rightleftharpoons Cu^{2+}(aq) + 2\ IO_3^-(aq)$$

Electroneutralité : $2\cdot[Cu^{2+}] = [IO_3^-]$

Equilibre de solubilité : $K_s = [Cu^{2+}]\cdot[IO_3^-]^2$

$$[Cu^{2+}] = s\ ;\ [IO_3^-] = 2\cdot s$$
$$K_s = 4\cdot s^3 = 4 \times (3{,}69.10^3)$$
$$K_s = 2{,}01.10^{-7} \text{ mol l}^{-1}.$$

2/ Solubilité dans une solution d'iodate de sodium :

Notons c la concentration de l'iodate de sodium et $[c\ ]$ le rapport $c\ /c\ °$.

La nouvelle valeur de la solubilité de l'iodate de cuivre II est notée c_s', cependant que le rapport $c_s'/c\ °$ est noté s'.

Espèces présentes dans la solution : IO_3^-, Na^+ et Cu^{2+}.

- Electroneutralité : $2\cdot[Cu^{2+}] + [Na^+]= [IO_3^-]$ (1)
- Equilibre de solubilité : $K_s = [Cu^{2+}]\cdot[IO_3^-]^2$ (2)
- Bilan sur Na^+: $[Na^+] = [c\ ]$ (3)

Les ions Cu^{2+} ne proviennent que de la dissolution de c_s' mol d'iodate de cuivre (II) par litre de solution, alors que les ions IO_3^- proviennent essentiellement de l'iodate de sodium dissous. Donc : $[Cu^{2+}] = s'$.

(1) + (3) ⇒ $[IO_3^-] = 2s' + [c\,]$

(2) ⇒ $s'.(2s' + [c\,])^2 = K_s$

Hypothèse : $2s' << [c\,]$

On peut pratiquement parler de certitude plutôt que d'hypothèse, car s a une valeur très inférieure à $[c\,]$ (voir question 1) et la valeur de s' doit être bien inférieure à celle de s, par effet d'ion commun.

$$s' = \frac{K_s}{[c\,]^2} = \frac{2{,}01.10^{-7}}{(0{,}10)^2} = 2{,}01.\,10^{-5}$$

L'hypothèse est évidemment vérifiée.

$$c_s' = 2{,}01.10^{-5} \text{ mol l}^{-1}.$$

Exercice 6.4

1/ Solubilité de ce sel dans l'eau :

$$AgSCN(s) \rightleftharpoons Ag^+(aq) + SCN^-(aq)$$

- Electroneutralité : $[Ag^+] = [SCN^-]$ (1)
- Equilibre de solubilité : $[Ag^+]\cdot[SCN^-] = K_s$ (2)

Donc : $[Ag^+] = [SCN^-] = \sqrt{K_s}$

Solubilité: $c_s = 1{,}03.10^{-6}$ mol l^{-1}.

2/ Solubilité dans une solution de sulfate d'argent :

Espèces présentes dans la solution : SO_4^{2-}, Ag^+, SCN^-.

- Electroneutralité : $2\cdot[SO_4^{2-}] + [SCN^-] = [Ag^+]$ (1)
- Equilibre de solubilité : $K_s = [Ag^+]\cdot[SCN^-]$ (2)
- Bilan : $[SO_4^{2-}] = [c\,]$ $(= 2{,}00.10^{-3})$ (3)

Notons s' la mesure de la nouvelle valeur de la solubilité du thiocyanate d'argent : $[SCN^-] = s'$.

(1) + (3) ⇒ $[IAg^+] = s' + [2.[c\,]$

(2) ⇒ $s'.(s' + 2\cdot[c\,]) = K_s$

$[SCN^-]$ aura une valeur plus faible que dans l'eau pure, en raison de l'effet d'ion commun. On peut donc négliger s' devant $2 \cdot [c\ ]$. Il vient, donc :

$$s' = \frac{K_S}{2.[c\ ]} = 2{,}65.10^{-10}.$$

$$c_s' = 2{,}65.10^{-10}\ \text{mol l}^{-1}.$$

3/ Précipitation :

a : Nature de ce précipité : AgSCN

b : Calcul de la quantité de thiocyanate de sodium versé :

$$[Ag^+] = 4{,}00.10^{-4}.$$

Début de précipitation pour : $[SCN^-] = \dfrac{K_S}{[Ag^+]} = 2{,}65.\,10^{-9}.$

La quantité de thiocyanate de sodium versé dans 100 cm^3 de solution est donc :

$$n\,(NaSCN) = \frac{2{,}65.10^{-9} \times 100}{1000} = 2{,}65.\,10^{-10}\ \text{mol.}$$

Exercice 6.5

1/ Solubilité dans l'eau :

$$Zn(OH)_2(s) \rightleftharpoons Zn^{2+}(aq) + 2\ OH^-(aq)$$

La présence des ions OH^- fait intervenir l'équilibre de dissociation de l'eau. Les espèces présentes dans la solution et à prendre en considération sont donc : Zn^{2+}, OH^- et H_3O^+.

- Electroneutralité : $2 \cdot [Zn^{2+}] + [H_3O^+] = [OH^-]$ (1)
- Equilibre de solubilité : $K_s = [Zn^{2+}] \cdot [OH^-]^2$ (2)
- Equilibre de dissociation de l'eau : $[H_3O^+] \cdot [OH^-] = K_c$ (3)

Notons s la mesure de la solubilité : s = $[Zn^{2+}]$

La résolution générale de ce système d'équations n'aboutit pas à une solution simple.

(1) et (3) $\Rightarrow$ $[OH^-] = 2.[Zn^{2+}] + \dfrac{K_e}{[OH^-]} = 2.s + \dfrac{K_e}{[OH^-]}$

$$[OH^-]^2 - 2 \cdot s \cdot [OH^-] - K_e = 0$$

La racine positive de cette équation du deuxième degré est :

$$[OH^-] = s + \sqrt{s^2 + K_e}$$

(2) $\Rightarrow$ $$s . (s + \sqrt{s^2 + K_e})^2 = K_s$$

La résolution de cette équation ne peut être réalisée que par l'emploi de méthodes numériques de calcul, qui sont préprogrammées sur certaines calculatrices. Des simplifications justifiées permettent souvent d'aboutir plus simplement à une solution. C'est ce que nous allons tenter de vérifier ici, en formulant une hypothèse.

Hypothèse : la dissolution de l'hydroxyde rend le milieu suffisamment basique pour que l'on puisse négliger $[H_3O^+]$ devant $[OH^-]$.

(1) $\Rightarrow$ $$[OH^-] = 2 \cdot [Zn^{2+}] = 2 \cdot s$$

(2) $\Rightarrow$ $$K_s = s \cdot (2 \cdot s)^2 = 4 \cdot s^3$$

$$s = \sqrt[3]{\frac{K_s}{4}} = \sqrt{\frac{1,80.10^{-14}}{4}} = 1,65.\,10^{-5}$$

Ce résultat entraîne : $[OH^-] = 3,30.10^{-5}$, ce qui justifie l'hypothèse simplificatrice.

Solubilité : $$c_s = 1,65.10^{-5} \text{ mol l}^{-1}.$$

2/ pH de précipitation :

Le chlorure de zinc en solution se dissocie et fournit des ions Zn^{2+} en concentration égale à celle du chlorure de zinc. Donc :

$$[Zn^{2+}] = 1,00.10^{-3}.$$

Il y a précipitation d'hydroxyde de zinc, dès que la concentration de OH^- est telle que l'équilibre de solubilité est atteint, donc pour :

$$[OH^-] = \sqrt{\frac{K_s}{[Zn^{2+}]}} = \sqrt{\frac{1,80.10^{-14}}{1,00.10^{-3}}} = 4,24.\,10^{-6}$$

$$[H_3O^+] = \frac{K_e}{[OH^-]} = \frac{1,00.10^{-14}}{4,24.10^{-6}} = 2,36.\,10^{-9}$$

$$pH = 8,63.$$

3/ Le pH est établi à 11,23.

$[H_3O^+] = 5,89.10^{-12}$ et donc $[OH^-] = 1,70.10^{-3}$

$$[Zn^{2+}] = \frac{K_s}{[OH^-]^2} = \frac{1,80.10^{-14}}{(1,70.10^{-3})^2} = 6,23.10^{-9}$$

La concentration des ions Zn^{2+} en solution est donc :

$$c\,(Zn^{2+}) = 6,23.10^{-9} \text{ mol l}^{-1}.$$

Dans un litre de solution, il y avait, avant élévation du pH, $1,00.10^{-3}$ mole d'ions Zn^{2+} et il n'en reste plus que $6,23.10^{-9}$ mole. On a donc précipité la quasi-totalité des ions Zn^{2+} sous forme d'hydroxyde :

$$n\left(Zn(OH)_2\right) = 1,00.10^{-3} \text{ mol}.$$

7 Exercices non résolus

Exercice 6.6

Calculer le produit de solubilité de chacun des composés ci-dessous, à 298 K, connaissant leur solubilité à cette température :

1/ AgBr : $c_s = 8,77.10^{-7}$ mol l^{-1}. 2 /BaF_2 : $c_s = 7,56.10^{-3}$ mol l^{-1}.

Exercice 6.7

Calculer la solubilité de chacun des composés ci-dessous, à 298 K, connaissant leur produit de solubilité à cette température :

1/ $BaSO_4$: $K_s = 1,08.10^{-10}$. 2/ $Cu(IO_3)_2$: $K_s = 2,01.10^{-7}$.

Exercice 6.8

La solubilité du chlorure d'argent dans l'eau est $1,60.10^{-5}$ mol l^{-1}, à 20 °C. Calculer la solubilité de ce sel dans une solution de chlorure de sodium de concentration $1,00.10^{-4}$ mol l^{-1}.

Exercice 6.9

Le produit de solubilité du fluorure de magnésium a pour valeur, à 18 °C : $K_s = 7,10.10^{-9}$.

1/ Calculer la solubilité de ce sel dans l'eau à 18 °C.

2/ Calculer la solubilité de ce sel dans une solution 0,100 mol l^{-1} de fluorure de sodium.

3/ Calculer la solubilité de ce sel dans une solution 0,100 mol l^{-1} de nitrate de magnésium à 18 °C.

4/ On mélange, à 18 °C, 50 cm^3 d'une solution saturée de fluorure de magnésium avec 30 cm^3 d'une solution 0,100 mol l^{-1} de fluorure de sodium. Quelle est la masse du précipité obtenu ?

Masse molaire de MgF_2 : M = 62,301 g mol^{-1}.

Exercice 6.10

A température ordinaire, le produit de solubilité de l'hydroxyde d'aluminium est $K_S = 2{,}29.10^{-19}$. Calculer la concentration maximum des ions Al^{3+} dans une solution dont le pH est :

1/ 7,00. 2/ 8,00. 3/ 10,00. 4/ 12,00.

Exercice 6.11

Une solution contient des ions Ca^{2+} et Ba^{2+} (par exemple, sous forme de chlorures), tous les deux à la concentration 0,100 mol l^{-1}. On ajoute progressivement du sulfate de sodium à cette solution.

Le produit de solubilité de $CaSO_4$ est $2{,}4.10^{-5}$ et celui de $BaSO_4$ est $1{,}1.10^{-10}$.

1/ Lequel des deux sulfates précipite le premier ? Quelle est, à ce moment-là, la concentration du sulfate de sodium ?

2/ Quand le sulfate du deuxième cation commence à précipiter à son tour, quelle est la valeur de la concentration du premier cation dans la solution ? Quelle est alors la concentration des ions Na^+ ?

3/ Est-il possible de séparer Ca^{2+} et Ba^{2+}, par précipitation sélective des sulfates ?

8 Résultats numériques des exercices non résolus

Exercice 6.6 **1/** $K_s = 7{,}69.10^{-13}$. **2/** $K_s = 1{,}73.10^{-6}$.

Exercice 6.7 **1/** $c_s = 1{,}04.10^{-5}$ mol l^{-1}. **2/** $c_s = 3{,}69.10^{-3}$ mol l^{-1}.

Exercice 6.8 $c_s = 2{,}50.10^{-6}$ mol l^{-1}.

Exercice 6.9 **1/** $c_s = 1{,}21.10^{-3}$ mol l^{-1}. **2/** $c_s = 7{,}10.10^{-7}$ mol l^{-1}. **3/** $c_s = 1{,}33.10^{-4}$ mol l^{-1}. **4/** m = 3,74 mg.

Exercice 6.10 **1/** Très soluble. **2/** c = 0,229 mol l^{-1}. **3/** $c = 2{,}29.10^{-7}$ mol l^{-1}. **4/** $c = 2{,}29.10^{-7}$ mol l^{-1}(insoluble).

Exercice 6.11 **1/** $BaSO_4$; $c(Na_2SO_4) = 1{,}1.10^{-9}$ mol l^{-1}. **2/** $c(Ba^{2+}) = 4{,}58.10^{-7}$ mol l^{-1} ; $c(Na^+)$ = 0,200 mol l^{-1}. **3/** Oui.

7. Réactions et équilibres d'oxydo-réduction

Nous avons étudié, dans un précédent chapitre, une famille de réactions chimiques (les réactions acido-basiques) qui fait intervenir un échange de protons. Nous allons maintenant porter notre attention sur une famille tout aussi importante, qui fait intervenir un échange d'électrons : les réactions d'oxydo-réduction.

1 Définitions

1.1 Réaction d'oxydo-réduction

Une réaction d'oxydo-réduction consiste en un échange d'électrons entre un corps réducteur et un corps oxydant.

> Un **oxydant** (ou forme oxydée) est capable de **capter** un ou plusieurs électrons.
> Un **réducteur** (ou forme réduite) est capable de **céder** un ou plusieurs électrons.

Un oxydant qui capte un ou plusieurs électrons se présente sous une forme plus réduite : il dispose d'un ou plusieurs électrons qu'il peut céder. Il devient donc un réducteur.

L'oxydant et le réducteur qu'il peut devenir par la réaction :

$$Ox + n\,e^- = Red$$

constitue un **couple oxydo-réducteur**.

Un oxydant ne peut se réduire que s'il se trouve en présence d'un réducteur qui lui fournisse un ou plusieurs électrons, et inversement. Donc, une réaction d'oxydo-réduction nécessite la présence de deux couples[1] oxydo-réducteurs.

---

[1] On peut noter l'analogie avec les réactions acido-basiques.

On écrit la réaction complète :

$$\alpha_1\ Ox_1 + \beta_2\ Red_2 = \beta_1\ Red_1 + \alpha_2\ Ox_2$$

Le calcul du nombre d'électrons échangés dans cette réaction est fourni par la notion de **degré d'oxydation**.

1.2 Degré d'oxydation

Une réaction d'oxydo-réduction étant liée à un transfert d'électrons, les atomes concernés se trouvent dans un état électronique différent avant et après la réaction. La notion de degré d'oxydation est un moyen pragmatique de notation de cette modification d'état électronique. Il ne s'agit, en aucune façon, d'une description de l'état réel de l'atome concerné, mais d'un moyen simple permettant d'aboutir à des applications pratiques exactes.

1.2.1 Cas d'un atome ou d'un ion

Son degré d'oxydation est égal à sa charge : –1 pour Cl^-, 0 pour Cu, +1 pour H^+, +3 pour Fe^{3+}, etc.

1.2.2 Cas des atomes liés

La détermination de la charge réelle d'un atome dans une molécule ou un ion polyatomique n'a pas de sens, puisqu'il y a partage des doublets électroniques de liaison entre les différents atomes et que les charges n'ont pas une position fixe par rapport aux atomes. On remplace donc la notion de charge réelle par celle de charge formelle : pour la détermination du degré d'oxydation, on décide d'attribuer formellement le doublet électronique de liaison à l'atome le plus électronégatif[1] (celui qui a le plus d'affinité pour les électrons). Tout se passe comme si l'atome le moins électronégatif perdait un électron au profit de l'autre.

Pour la liaison A-B :

- Si l'atome A est plus électronégatif que B, on dit que cette liaison contribue à une **perte** de 1 du degré d'oxydation de A (contribution de –1 au degré d'oxydation).

- Si l'atome A est moins électronégatif que B, on dit que cette liaison contribue à un **gain** de 1 du degré d'oxydation de A (contribution de +1 au degré d'oxydation).

---

[1] Ces notions de "doublet de liaison" et d'électronégativité sont vues dans le Cursus *Atomistique*. Il apparaît alors que, dans la réalité, le doublet n' "appartient" pas à tel ou tel atome, mais qu'il a seulement une probabilité plus grande d'être plus près de l'atome le plus électronégatif.

Il suffit, donc, de savoir lequel des atomes A et B est le plus électronégatif.

Deux règles simples permettent de trancher dans de nombreux cas :

- L'électronégativité croît de gauche à droite d'une ligne de la classification périodique.

- L'électronégativité croît de bas en haut d'une colonne de la classification périodique.

Quand ces règles ne suffisent pas, on se réfère à une échelle d'électronégativité : la plus utilisée est celle de Pauling.

Des règles simples permettent ensuite de calculer les degrés d'oxydation :

- Règle 1 : dans une molécule, la somme des degrés d'oxydation des atomes est nulle. Exemple pour ClONa :

(degré d'oxydation de Cl) + (degré d'oxydation de O)
+ (degré d'oxydation de Na) = 0.

- Règle 2 : dans un ion complexe, la somme des degrés d'oxydation des atomes est égale à la charge de l'ion. Par exemple, pour MnO_4^- :

(degré d'oxydation de Mn) + 4·(degré d'oxydation de O) = –1.

- Règle 3 : si une molécule est constituée d'atomes du même élément (donc de même électronégativité), le degré d'oxydation de chacun d'eux est nul : c'est le cas de N dans N_2, P dans P_4, etc.

1.2.3 Exemples de calculs

Premier exemple : degré d'oxydation du manganèse dans l'ion permanganate (MnO_4^-).

Selon l'échelle de Pauling, les électronégativités sont respectivement 3,5 pour O et 1,5 pour Mn.

Chaque atome O dispose de deux électrons non appariés et peut donc former deux liaisons avec Mn.

L'atome O ayant une plus forte électronégativité que l'atome Mn, on lui attribue les deux doublets de liaison, ce qui lui confère le degré d'oxydation –2.

La somme des degrés d'oxydation étant égale à la charge de l'ion, on peut écrire : (degré d'oxydation de Mn) + 4 × (–2) = – 1.

Le degré d'oxydation de Mn dans MnO_4^- est donc + 7.

Deuxième exemple : degré d'oxydation de l'hydrogène dans le chlorure d'hydrogène

Electronégativités : 2,1 pour H et 3,0 pour Cl.

Chacun des atomes ne disposant que d'un seul électron non apparié, une seule liaison peut être établie et le doublet est attribué à Cl.

Le degré d'oxydation de H dans HCl est donc +1, alors que celui de Cl est –1.

Troisième exemple : degré d'oxydation de l'hydrogène dans l'hydrure de lithium.

Electronégativités : 2,1 pour H et 1,0 pour Li.

Là aussi, une seule liaison peut être établie et le doublet est attribué cette fois à H.

Le degré d'oxydation de H dans LiH est donc –1, alors que celui de Li est +1.

1.2.4 Application : équilibrage des réactions d'oxydo-réduction

Il s'agit de déterminer les coefficients stœchiométriques et le nombre d'électrons échangés.

Prenons l'exemple de l'oxydation d'un sel de fer (II) (Fe^{2+}) par l'ion permanganate (MnO_4^-).

La réduction de l'ion permanganate se fait en présence d'ions H_3O^+ et l'élément oxydant est Mn qui passe du degré d'oxydation +7 dans MnO_4^- au degré d'oxydation +2 dans Mn^{2+}. Il y a, donc, intervention de cinq électrons :

$$MnO_4^- + 8\,H_3O^+ + 5\,e^- = Mn^{2+} + 12\,H_2O$$

L'oxydation de l'ion Fe^{2+} en ion Fe^{3+} s'écrit :

$$Fe^{2+} - e^- = Fe^{3+}$$

Dans la réaction globale, tous les électrons fournis par le réducteur sont captés par l'oxydant, ce qui implique les coefficients stœchiométriques 1 pour le permanganate et 5 pour les ions du fer :

$$MnO_4^- + 8\,H_3O^+ + 5\,e^- = Mn^{2+} + 12\,H_2O$$

$$5\,Fe^{2+} - 5\,e^- = 5\,Fe^{3+}$$

$$MnO_4^- + 8\,H_3O^+ + 5\,Fe^{2+} = Mn^{2+} + 12\,H_2O + 5\,Fe^{3+}$$

2 Piles

Comme nous venons de le voir dans l'exemple précédent, la réaction globale est la somme de deux demi-réactions.

$\alpha_1 \, Ox_1 + \beta_2 \, Red_2 = \beta_1 \, Red_1 + \alpha_2 \, Ox_2$ est la somme :

- d'une réduction : $\alpha_1 \, Ox_1 + ne^- = \beta_1 \, Red_1$,

- d'une oxydation : $\beta_2 \, Red_2 - ne^- = \alpha_2 \, Ox_2$.

A ce niveau, on peut constater une différence fondamentale avec les réactions acido-basiques. La seule façon de réaliser des réactions acido-basiques est de mettre en contact les deux couples. Dans le cas des réactions d'oxydo-réduction, par contre, on dispose de deux possibilités :

- contact direct entre les deux couples,

- séparation des couples dans des récipients distincts, avec mise en place d'un montage électrique permettant le transfert des charges électriques d'un récipient à l'autre. On réalise ainsi une pile.

2.1 Fonctionnement d'une pile

Considérons, dans un premier temps, l'exemple classique de la pile Daniell représentée par la figure 7.1.

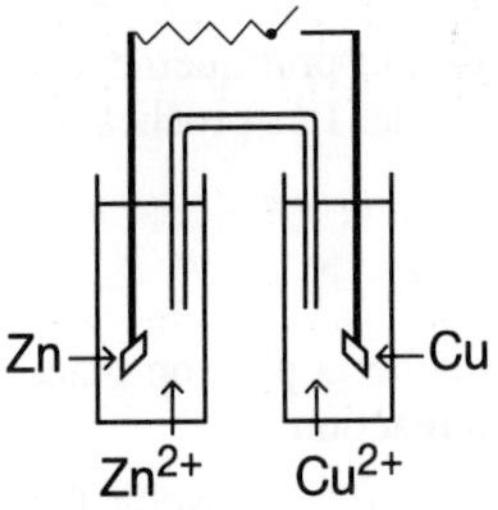

Figure 7.1

Dans le récipient de gauche se trouve le couple Zn^{2+}/Zn et dans celui de droite le couple Cu^{2+}/Cu. L'oxydant de chacun des couples est constitué par une solution aqueuse du sel correspondant (par exemple, $ZnCl_2$ et $CuCl_2$) et le réducteur est une petite plaque métallique servant d'électrode et relié au circuit extérieur. Les deux solutions sont reliées par un pont de jonction, dont nous préciserons le rôle un peu plus loin. Ce pont est constitué par une solution concentrée d'un sel (généralement du chlorure de potassium) immobilisée par de la gélatine.

Quand on ferme le circuit électrique extérieur, on constate :

- qu'un courant électrique passe : les électrons vont de l'électrode de zinc vers celle de cuivre ;

- qu'une réaction chimique se produit dans chacun des récipients. Dans celui de gauche s'effectue une oxydation : du zinc métallique passe en solution sous forme d'ions Zn^{2+} :

$$Zn(s) - 2e^- \longrightarrow Zn^{2+}(aq)$$

A droite, les ions Cu^{2+} se réduisent et forment un dépôt métallique sur l'électrode :

$$Cu^{2+}(aq) + 2e^- \longrightarrow Cu(s)$$

La réaction globale est donc :

$$Cu^{2+}(aq) + Zn(s) \longrightarrow Cu(s) + Zn^{2+}(aq)$$

Remarque : La réaction qui se produit dans la pile s'effectuerait également - nous l'avons dit - par mélange des deux couples. La possibilité de réalisation dans une pile présente deux caractéristiques importantes :

- On peut, à volonté, arrêter la réaction ou la laisser se produire par simple ouverture ou fermeture de l'interrupteur.

- L'introduction dans le circuit extérieur d'une résistance électrique aussi grande que l'on veut, permet de ralentir la vitesse de transfert des électrons et donc de rester maître de la vitesse de la réaction. A la limite, une très grande résistance permet d'effectuer la réaction à une vitesse extrêmement lente, à courant pratiquement nul : on se trouve, alors, dans des conditions expérimentales très proches de la réversibilité.

2.2 Schéma de la pile

Pour établir le schéma de la pile, on place les couples dans le sens qui correspond au sens de la réaction.

On place à gauche le couple qui subit l'oxydation (Zn^{2+}/Zn), la forme réduite (Zn) étant à l'extrémité gauche.

On place à droite le couple qui subit la réduction (Cu^{2+}/Cu), la forme réduite (Cu) étant à l'extrémité droite

Le schéma s'établit donc comme suit :

$$Zn \mid Zn^{2+} \,\vdots\, Cu^{2+} \mid Cu$$

Le symbole "|" rappelle que l'oxydant et le réducteur du même couple ne sont pas dans la même phase (l'un est en solution et l'autre solide) et le symbole "¦" indique qu'il y a une jonction entre les deux couples.

2.3 Rôle du pont de jonction

Comme nous l'avons vu, les électrons passent, par le circuit extérieur, du récipient où s'effectue l'oxydation, à celui où s'effectue la réduction[1]. Le pont de jonction permet de compenser :

- par apport d'anions, le déficit de charges négatives du récipient où s'effectue l'oxydation,

- par apport de cations, le gain de charges négatives du récipient où s'effectue la réduction.

2.4 Différence de potentiel et polarité des bornes

La différence de potentiel est arbitrairement prise dans le sens :

potentiel de l'électrode de droite – potentiel de l'électrode de gauche.

Quand la pile débite dans une résistance très grande, donc à courant pratiquement nul, la différence de potentiel entre les bornes est égale à la force électromotrice :

$$\boxed{E = E_d - E_g}$$

avec E_d = potentiel de l'électrode de droite et E_g = potentiel de l'électrode de gauche.

Ces conventions nous amènent à constater que si le potentiel de l'électrode de droite est plus grand que celui de l'électrode de gauche, E est positif, alors que E est négatif dans le cas contraire. Il en résulte une relation entre le signe de E et la polarité de chaque électrode :

Le signe de E s'identifie avec celui de l'électrode de droite.

Dans le cas de la pile Daniell, telle que nous l'avons écrite (couple Zn^{2+}/Zn à gauche et couple $Cu/^{2+}Cu$ à droite), E est positif. Donc :

- La borne de droite (Cu) est la borne +.
- La borne de gauche (Zn) est la borne –.

Remarque : Il y a une certaine ambiguïté dans le mot "électrode", car il désigne à la fois la plaque métallique qui plonge dans la solution et la demi-pile (ensemble plaque de cuivre et ions Cu^{2+}, par exemple).

---

[1] A noter que l'on a adopté conventionnellement comme sens du courant électrique, l'inverse de celui de propagation des électrons.

3 Loi de Nernst

Cette loi, que nous allons établir, va nous permettre d'appliquer le deuxième principe de la thermodynamique aux systèmes électrochimiques, et donc de **prévoir** l'évolution de ces derniers.

Envisageons une pile débitant à courant quasi nul, donc dans des conditions extrêmement proches de la réversibilité. Quand la réaction chimique qui s'effectue dans la pile avance de $d\xi$, nous avons vu que l'enthalpie libre du système se modifie de dG, tel que :

$$dG = \Delta_r G_m \cdot d\xi.$$

Exprimons par ailleurs dG à partir de la définition[1] même de la fonction G $(G = H - TS)$:

$$dG = dH - T \cdot dS - S \cdot dT = d(U + P \cdot V) - T \cdot dS - S \cdot dT$$

$$dG = dU + P \cdot dV + V \cdot dP - T \cdot dS - S \cdot dT$$

$$dG = \delta Q + \delta W + P \cdot dV + V \cdot dP - T \cdot dS - S \cdot dT$$

Nous nous sommes placés dans les conditions de réversibilité, donc :

$$\delta Q = \delta Q_{rev} = T \cdot dS$$

Quant au travail réversible, il est, dans le cas des systèmes électrochimiques, la somme du travail volumique et du travail des forces électriques, puisqu'il y a des déplacements de charges électriques sous l'effet d'une différence de potentiel.

Donc :

$$\delta W_{rev} = \delta W_{el} - P \cdot dV$$

L'expression de dG se ramène donc à :

$$dG = \delta W_{el} + V \cdot dP - S \cdot dT$$

A pression et température constantes ($dP = 0$ et $dT = 0$), on aboutit à :

$$dG = \delta W_{el}$$

Il reste à exprimer le travail des forces électriques. C'est le produit de la charge transférée δq par la différence de potentiel entre les bornes :

$$\delta W_{el} = dq \cdot E$$

Pour un avancement $d\xi$, la charge transférée est :

$$dq = -n \cdot F \cdot d\xi$$

---

[1] Pour suivre facilement le détail du calcul ci-dessous, il est peut-être utile de se remettre en mémoire les deux premiers chapitres.

avec :

- le signe "–" parce qu'il s'agit d'électrons, donc de charges négatives,

- n qui représente la quantité d'électrons échangés (exprimée en moles d'électrons),

- F, appelé Faraday, qui représente la charge électrique d'une mole d'électrons (F = 9,6485309.10^4 C mol^{-1}).

dG s'écrit donc : $\mathrm{d}G = -n \cdot \mathrm{F} \cdot E \cdot \mathrm{d}\xi$

La comparaison des deux expressions de dG fournit :

$$\boldsymbol{\Delta_r G_m = -n \cdot \mathrm{F} \cdot E}$$

Nous avons vu précédemment que $\Delta_r G_m$ peut s'exprimer en fonction de la composition de la solution et que son signe permet de prévoir le sens d'évolution possible du processus chimique.

$$\Delta_r G_m = \Delta_r G_m{}^\circ + R \cdot T \cdot \ln \pi$$

A $\Delta_r G_m{}^\circ$ correspond une différence de potentiel de référence E° :

$$\Delta_r G_m{}^\circ = -n \cdot \mathrm{F} \cdot E^\circ$$

Il vient alors :

$$E = E^\circ - \frac{R \cdot T}{n \cdot \mathrm{F}} . \ln \pi$$

qui est la loi de Nernst pour une pile.

Dans le cas de la pile Daniell, dont la réaction est, rappelons-le :

$$Cu^{2+}(aq) + Zn(s) = Cu(s) + Zn^{2+}(aq)$$

$$E = E^\circ + \frac{R \cdot T}{n \cdot \mathrm{F}} . \ln \frac{[Cu^{2+}]}{[Zn^{2+}]}$$

4 Prévision du sens de réaction

Si on met en présence deux couples oxydo-réducteurs (Ox_1/Red_1 et Ox_2/Red_2), il s'agit de prévoir s'il peut se produire la réaction :

$$\alpha_1\, Ox_1 + \beta_2\, Red_2 \longrightarrow \beta_1\, Red_1 + \alpha_2\, Ox_2$$

ou la réaction :

$$\beta_1\, Red_1 + \alpha_2\, Ox_2 \longrightarrow \alpha_1\, Ox_1 + \beta_2\, Red_2$$

ou s'il ne se produit rien parce que l'on est à l'équilibre chimique :

$$\alpha_1 \, Ox_1 + \beta_2 \, Red_2 \rightleftharpoons \beta_1 \, Red_1 + \alpha_2 \, Ox_2$$

Dans un premier temps, envisageons de réaliser un pile avec ces deux couples.

Il n'y a pas de règle stricte pour attribuer le côté droit ou le côté gauche à l'un ou à l'autre couple. Si on a des raisons de penser que l'un des couples a un potentiel supérieur à l'autre, il est préférable de le mettre à droite. Plaçons arbitrairement le couple 1 à droite. Ceci implique :

- Que l'on envisage arbitrairement que le couple 1 évolue dans le sens de la réduction :

$$\alpha_1 \, Ox_1 + n \, e^- \longrightarrow \beta_1 \, Red_1$$

alors que le couple 2 évolue dans le sens de l'oxydation :

$$\beta_2 \, Red_2 - n \, e^- \longrightarrow \alpha_2 \, Ox_2$$

ce qui revient à envisager la réaction globale :

$$\alpha_1 \, Ox_1 + \beta_2 \, Red_2 \longrightarrow \beta_1 \, Red_1 + \alpha_2 \, Ox_2$$

- Que le schéma envisagé pour la pile est :

• soit : $Red_2 \mid Ox_2 \,\vdots\, Ox_1 \mid Red_1$

dans le cas où les deux formes réduites sont des solides et peuvent donc être utilisées pour le transfert direct des électrons avec le circuit extérieur,

• soit : $Pt \mid Red_2 \, , Ox_2 \,\vdots\, Ox_1 \, , Red_1 \mid Pt$

dans le cas où les formes oxydée et réduite de chaque couple sont dans la même solution (exemple : couple Fe^{3+}(aq)/Fe^{2+}(aq)). En pareil cas, il faut utiliser des électrodes inattaquables (en platine) pour le transfert des électrons. Il y a lieu de noter que, dans ce cas, les symboles des formes oxydée et réduite sont séparés par une virgule sur le schéma de la pile.

- Que l'expression de la différence de potentiel entre les bornes de la pile est le suivant :

$$E = E_d - E_g = E \, (Ox_1/Red_1) - E \, (Ox_2/Red_2)$$

Pour chacune des électrodes, le potentiel correspond à la réaction de réduction. Par exemple, pour le couple 1, le potentiel correspond à la réaction :

$$\alpha_1 \, Ox_1 + n \, e^- = \beta_1 \, Red_1$$

et donc le potentiel $E_1 = E\,(Ox_1/Red_1)$ est donné par[1] :

$$E_1 = -\frac{\Delta_r G_{m,1}}{n \cdot F} = -\frac{1}{n \cdot F} \cdot \left(\Delta_r G_{m,1}{}^\circ + R \cdot T \ . \ \ln \frac{[Red_1]^{\beta_1}}{[Ox_1]^{\alpha_1}}\right)$$

$$E_1 = E_1{}^\circ + \frac{R \cdot T}{n \cdot F} \ . \ \ln \frac{[Ox_1]^{\alpha_1}}{[Red_1]^{\beta_1}}$$

Il en est évidemment de même pour la deuxième électrode :

$$E_2 = E_2{}^\circ + \frac{R \cdot T}{n \cdot F} \ . \ \ln \frac{[Ox_2]^{\alpha_2}}{[Red_2]^{\beta_2}}$$

$E_1{}^\circ$ et $E_2{}^\circ$ sont les potentiels d'oxydo-réduction de référence de chacun des couples.

Pour la pile :

$$E = E_1{}^\circ - E_2{}^\circ + \frac{R \cdot T}{n \cdot F} \ . \ \ln \frac{[Ox_1]^{\alpha_1}}{[Red_1]^{\beta_1}} - \frac{R \cdot T}{n \cdot F} \ . \ \ln \frac{[Ox_2]^{\alpha_2}}{[Red_2]^{\beta_2}}$$

$$E = E_1{}^\circ - E_2{}^\circ + \frac{R \cdot T}{n \cdot F} \ . \ \ln \frac{[Ox_1]^{\alpha_1} . [Red_2]^{\beta_2}}{[Red_1]^{\beta_1} . [Ox_2]^{\alpha_2}}$$

Le signe de E permet alors de connaître le sens réel du processus chimique.

- Si E est positif : $E\,(Ox_1/Red_1) > E\,(Ox_2/Red_2)$.

La borne "+" est à droite et la borne "–" à gauche.

$\Delta_r G_m = -\,n \cdot F \cdot E < 0$ et la réaction peut donc se produire dans le sens qui a été choisi arbitrairement, à savoir :

$$\alpha_1\, Ox_1 + \beta_2\, Red_2 \longrightarrow \beta_1\, Red_1 + \alpha_2\, Ox_2$$

- Si E est négatif : les conclusions sont inverses des précédentes et, en particulier, la réaction peut avoir lieu dans le sens inverse de celui envisagé arbitrairement :

$$\beta_1\, Red_1 + \alpha_2\, Ox_2 \longrightarrow \alpha_1\, Ox_1 + \beta_2\, Red_2$$

[1] Ce calcul a été développé dans le cas où les deux formes réduites sont en solution. Nous verrons plus loin les formes qu'adoptent les potentiels d'oxydo-réduction pour les différents types de couples.

- Si E est nul, il n'y a aucun processus chimique : le système est à l'équilibre :

$$\alpha_1\, Ox_1 + \beta_2\, Red_2 \rightleftharpoons \beta_1\, Red_1 + \alpha_2\, Ox_2$$

On constate que pour prévoir le sens possible de réaction d'un système oxydo-réducteur (que la réaction ait lieu dans une pile ou par contact direct entre les deux couples), il suffit de comparer les potentiels des deux couples :

- Si $E_1 > E_2$:
Le couple 1 évolue dans le sens de la réduction.
Le couple 2 évolue dans le sens de l'oxydation.
- Si $E_1 < E_2$:
Le couple 1 évolue dans le sens de l'oxydation.
Le couple 2 évolue dans le sens de la réduction.
- Si $E_1 = E_2$:
Il y a équilibre chimique.

De façon très générale, on peut dire que **l'oxydant du couple qui a le plus fort potentiel oxyde le réducteur de l'autre couple**.

Remarque : le potentiel de chaque couple est la somme de deux termes :

- un terme constant qui est le potentiel de référence du couple,

- un terme variable qui dépend des concentrations des formes oxydée et réduite.

Lorsque les deux couples ont des potentiels d'oxydo-réduction de référence très différents (par exemple, si $E_1°$ est très supérieur à $E_2°$), l'influence des termes variables

$$\frac{R.T}{n.F}.\ln\frac{[Ox_1]^{\alpha_1}}{[Red_1]^{\beta_1}} \quad \text{et} \quad \frac{R.T}{n.F}.\ln\frac{[Ox_2]^{\alpha_2}}{[Red_2]^{\beta_2}}$$

est tout à fait négligeable devant celle des potentiels de référence et la seule connaissance de ces derniers permet de connaître le sens du processus réactionnel.

Par contre, si les valeurs des potentiels de référence sont proches, le terme lié aux concentrations prend une grande importance pour la détermination du sens de l'évolution chimique.

5 Détermination des potentiels d'oxydo-réduction

Elle est réalisée à partir de piles. On ne peut pas, en fait, déterminer un potentiel, mais seulement mesurer une différence de potentiel entre deux électrodes.

On établit une échelle de potentiels en mesurant la différence de potentiel de toutes les électrodes avec une électrode prise comme référence et à laquelle on attribue arbitrairement le potentiel 0. Par convention internationale, cette électrode de référence est l'électrode à hydrogène utilisée dans des conditions particulières qui vont être précisées.

5.1 Electrode à hydrogène

Elle est constituée par une lame de platine baignant dans une solution contenant des ions H_3O^+, et où barbote du dihydrogène gazeux. Pour rendre maximum la surface de contact entre $H_3O^+(aq)$ et $H_2(g)$, la lame de platine est recouverte de platine finement divisé (noir de platine).

La réaction correspondant à cette électrode est :

$$2\,H_3O^+(aq) + 2\,e^- = 2\,H_2O + H_2(g)$$

ou plus simplement en ne prenant en compte que l'espèce qui se réduit (passage du degré d'oxydation +1 à 0) :

$$2\,H^+(aq) + 2\,e^- = H_2(g)$$

Pour la réaction de réduction :

$$\Delta_r G_m = \Delta_r G_m{}^\circ + R \cdot T \cdot \ln \frac{P\,(H_2)/P^\circ}{(c\,(H^+)/c^\circ)^2}$$

et donc :

$$E = E^\circ + \frac{R \cdot T}{2F} \cdot \ln \frac{[H^+]^2}{P\,(H_2)P^\circ}$$

L'électrode à hydrogène prise comme référence correspond aux conditions de référence (ou conditions standard) :

$P\,(H_2) = P^\circ$ et $[H^+] = 1$, c'est-à-dire $c\,(H^+) = c^\circ = 1$ mol l^{-1}.

Dans ces conditions, le potentiel est égal au potentiel de référence :

$$E = E^\circ$$

Le potentiel de référence (ou standard) de l'électrode à hydrogène est, par convention, pris égal à zéro à 298,15 K

$E^\circ(2\,H^+/\,H_2) = 0$ à 298,15 K

5.2 Détermination d'un potentiel d'électrode

On cherche à déterminer le potentiel d'un couple Ox/Red quelconque, à 298,15 K. Pour cela, on réalise une pile en plaçant **à droite le couple dont on veut déterminer le potentiel et à gauche l'électrode à hydrogène de référence.**

Le schéma de la pile est le suivant :

$$Pt \mid H_2(g) \mid H^+ \vdots\ Ox\ ,\ Red \mid Pt$$

ou :

$$Pt \mid H_2(g) \mid H^+ \vdots\ Ox \mid Red$$

selon que l'espèce Red est en solution avec Ox, ou qu'elle est à l'état métallique.

Pour l'électrode à hydrogène de référence :

$$P\,(H_2) = P^\circ \text{ et } [H^+] = 1$$

et donc : $$E = E_d - E_g = E\,(Ox/Red) - 0 = E\,(Ox/Red)$$

E (Ox/Red) peut être positif ou négatif selon que le couple considéré est plus ou moins oxydant que le couple de référence.

6 Expression du potentiel des différents types de couples oxydo-réducteurs

Les couples peuvent être constitués par un ion et un métal, deux ions, un ion et un gaz, un métal et un sel très peu soluble. Ces différentes possibilités vont être examinées.

6.1 Electrode ion-métal

Couple oxydo-réducteur : $M^{n+}(aq) / M(s)$

Réaction : $M^{n+}(aq) + n\,e^- = M(s)$

Potentiel :

$$E = E^\circ + \frac{R \cdot T}{n \cdot F} \cdot \ln\,[M^{n+}]$$

Nous avons déjà vu ce type de couple dans la pile Daniell : électrodes Zn^{2+} / Zn et Cu^{2+} / Cu.

6.2 Electrode ion-gaz

Le gaz peut être la forme réduite comme dans le cas de l'électrode à hydrogène, ou la forme oxydée comme dans le cas de l'électrode au chlore.

Pour cette dernière électrode :

- Le couple oxydo-réducteur est : $Cl_2(g) / 2Cl^-(aq)$.
- La réaction est : $Cl_2(g) + 2\,e^- = 2\,Cl^-(aq)$
- L'expression du potentiel est :

$$E = E° + \frac{R \cdot T}{2F} \cdot \ln \frac{P(Cl_2)/P°}{[Cl^-]^2}$$

Bien sûr, une telle électrode nécessite l'adjonction d'une électrode inattaquable pour le transfert des électrons et le schéma de la demi-pile est :

$$\vdots\ Cl_2(g)\ |\ Cl^-\ |\ Pt$$

6.3 Electrode ion-ion

Une telle électrode fait intervenir deux ions d'un même élément à deux degrés d'oxydation n et n' différents : $M^{n+}(aq)$ et $M^{n'+}(aq)$. Prenons arbitrairement n > n'.

- Réaction : $M^{n+}(aq) + (n - n')\,e^- = M^{n'+}(aq)$
- Potentiel :

$$E = E° + \frac{R \cdot T}{(n - n') \cdot F} \cdot \ln \frac{[M^{n+}]}{[M^{n'+}]}$$

Exemples : Fe^{3+} / Fe^{2+} et Cu^{2+} / Cu^+.

Ce type d'électrode nécessite également l'adjonction d'une électrode inattaquable. Schéma :

$$\vdots\ M^{n+},\ |M^{n'+}|\ Pt$$

6.4 Eléctrode sel très peu soluble-métal

Une telle électrode est constituée par un métal en contact avec un de ses sels très peu soluble, dans une solution contenant des anions identiques à ceux du sel insoluble. Prenons l'exemple de l'électrode au calomel :

- Le métal est le mercure : Hg(l).
- Le sel très peu soluble est le chlorure de mercure (I), que l'on désigne de façon courante sous le nom de calomel : $Hg_2Cl_2(s)$.
- La solution aqueuse contient du chlorure de potassium : KCl.

L'équilibre de solubilité du calomel s'écrit :

$$Hg_2Cl_2(s) \rightleftharpoons Hg_2^{2+}(aq) + 2\ Cl^-(aq)$$

$$K_s = [Hg_2^{2+}] \cdot [Cl^-]^2$$

Hg est au degré d'oxydation +1 dans le calomel et 0 dans le mercure. La réaction de réduction s'écrit donc :

$$Hg_2^{2+}(aq) + 2\ e^- = 2\ Hg(l)$$

Afin d'éviter toute ambiguïté par la suite, le potentiel de référence du couple Hg_2^{2+}/ Hg est noté ici : $E\,°(Hg_2^{2+}/ Hg)$.

Le potentiel de l'électrode peut donc s'écrire :

$$E = E\,°(Hg_2^{2+}/ Hg) + \frac{R.T}{2.F}.\ln [Hg_2^{2+}]$$

Mais la concentration de la solution de chlorure de potassium limite la solubilité du calomel par effet d'ion commun :

$$[Hg_2^{2+}] = \frac{K_s}{[Cl^-]}$$

et donc : $$E = E\,°(Hg_2^{2+}/ Hg) + \frac{R.T}{2.F}.\ln K_s - \frac{R.T}{F}.\ln [Cl^-]$$

Cette relation montre que l'utilisation d'une pile comportant une électrode à sel très peu soluble permet la détermination du produit de solubilité de ce sel.

On peut, en effet, constater que les deux premiers termes du membre de droite de l'expression précédente sont constants à une température donnée et peuvent donc être réunis en un seul terme appelé **potentiel de référence du sel très peu soluble** :

$$E\,°(Hg_2Cl_2/ Hg) = E\,°(Hg_2^{2+}/ Hg) + \frac{R.T}{2.F}.\ln K_s$$

L'électrode au calomel a un potentiel de référence égal à 0,280 V à 298 K. Etant d'un emploi incomparablement plus aisé que l'électrode à hydrogène, on l'utilise très fréquemment comme électrode de référence à la place de cette dernière. Il suffit de rajouter, à la différence de potentiel lue, la valeur du potentiel de l'électrode au calomel.

7 Quelques applications des piles

Outre la détermination des produits de solubilité que nous venons de voir, les piles permettent des mesures de concentrations, de pH et de constantes d'équilibre.

7.1 Mesure d'une concentration

Pour mesurer une concentration par voie électrochimique, on peut utiliser une *pile de concentration*.. C'est une pile dont les deux électrodes sont de même nature, mais utilisent des solutions de forme oxydée de concentrations différentes. A titre d'exemple d'une pile de concentration, celle dont le schéma est le suivant :

Cu | Cu^{2+}(aq) à la concentration c_1 ⁞ Cu^{2+}(aq) à la concentration c_2 | Cu

La concentration c_1 est connue, alors que c_2 est inconnue.

Le potentiel de chacune des électrodes est :

$$E\,(Cu^{2+}/Cu) = E\,°(Cu^{2+}/Cu) + \frac{R.T}{2.F}.\ln\,[Cu^{2+}]$$

Il en résulte que la différence de potentiel aux bornes de la pile est :

$$E = E_d - E_g = \frac{R.T}{2.F}.\ln\frac{c_2}{c_1}$$

On voit que la mesure de E permet la détermination de la concentration inconnue c_2.

7.2 Mesure théorique d'un pH

Envisageons la pile constituée de la façon suivante :

- L'électrode de droite a un potentiel connu (c'est, par exemple, une électrode au calomel). Désignons par E_c le potentiel de cette électrode.

- L'électrode de gauche est une électrode à hydrogène baignant dans une solution dont on veut déterminer le pH.

Pour l'électrode de gauche :

$$E_g = E\,°(2H^+/H_2) + \frac{R.T}{2.F}.\ln\frac{[H^+]^2}{P\,(H_2)\,/P\,°}$$

Si la pression du dihydrogène est prise égale à la pression de référence, et en travaillant à 298 K afin d'avoir $E\,°(2H^+/H_2) = 0$, il vient :

$$E_g = -\,2{,}303\,\frac{R.T}{F}.pH$$

et pour la pile :

$$E = E_c + 2{,}303\,\frac{R.T}{F}.\text{pH}$$

On peut, ainsi, déterminer la valeur du pH. En pratique, comme cela a été dit précédemment, l'électrode à hydrogène nécessite un appareillage très complexe. On utilise donc des électrodes de verre, dont le potentiel est fonction du pH de la solution.

7.3 Mesure d'une constante d'équilibre

Envisageons l'équilibre d'oxydo-réduction suivant :

$$Co^{3+}(aq) + Ce^{3+}(aq) \rightleftharpoons Co^{2+}(aq) + Ce^{4+}(aq)$$

La pile correspondant à cette réaction a pour schéma :

$$Pt \mid Ce^{3+}(aq), Ce^{4+}(aq) \;\vdots\; Co^{3+}(aq), Co^{2+}(aq), \mid Pt$$

La différence de potentiel aux bornes de cette pile est :

$$E = E°(Co^{3+}/Co^{2+}) - E°(Ce^{4+}/Ce^{3+}) + \frac{R.T}{F}.\ln\frac{[Co^{3+}].[Ce^{3+}]}{[Co^{2+}].[Ce^{4+}]}$$

Quand l'équilibre est atteint, la composition du mélange est telle que :

$$\frac{[Co^{2+}]_e.[Ce^{4+}]_e}{[Co^{3+}]_e.[Ce^{3+}]_e} = K$$

et la différence de potentiel aux bornes de la pile est nulle ($E = 0$), puisque l'enthalpie libre molaire de réaction $\Delta_r G_m$ est nulle.

On voit que l'on a :

$$\ln K = \frac{F}{R \cdot T}\,.\,[E°(Co^{3+}/\,Co^{2+}) - E°(Ce^{4+}/\,Ce^{3+})]$$

La connaissance des potentiels de référence permet le calcul de la constante d'équilibre.

8 Dosages d'oxydo-réduction

8.1 Principe

Traitons l'exemple du dosage d'une solution d'un sel de fer (II) par une solution de permanganate en milieu acide.

La concentration inconnue des ions réducteurs Fe^{2+} dans la solution à titrer (par exemple dans une solution de $FeSO_4$) est notée c_r, alors que la concentration connue des ions permanganates (oxydants) dans la solution titrante (par exemple une solution de $KMnO_4$) est notée c_o.

On prélève un volume V_r de la solution de sulfate de fer (II) et on verse progressivement la solution de permanganate de potassium. Notons V_o le volume versé de cette dernière solution à un instant quelconque.

La réaction qui s'effectue dans le mélange est la suivante :

$$MnO_4^-(aq) + 5\ Fe^{2+}(aq) + 8\ H_3O^+ = Mn^{2+}(aq) + 5\ Fe^{3+}(aq) + 8\ H_2O$$

Quand le volume de solution de permanganate atteint la valeur notée $V_{o,eq}$, on est à l'équivalence. L'équation de la réaction montre qu'en ce point, la quantité de permanganate versée dans la solution est égale au cinquième de la quantité initiale de fer (II) :

$$c_o \cdot V_{o,eq} = c_r \cdot V_r / 5$$

Cette relation permet la détermination de la concentration inconnue c_r.

Le problème qui se pose est de savoir quand V_o atteint la valeur $V_{o,eq}$.

8.2 Equilibre chimique après chaque adjonction de permanganate et repérage colorimétrique de l'équivalence

Chaque nouvelle adjonction de solution de permanganate dans le mélange réactionnel provoque un déplacement de l'équilibre vers la droite, comme le prévoit la loi de Le Chatelier.

Afin de simplifier l'écriture, la quantité initiale $n_0(Fe^{2+})$ de fer (II) contenue dans l'échantillon prélevé est notée $5 \cdot n_0$:

$$n_0(Fe^{2+}) = 5 \cdot n_0 = c_r \cdot V_r$$

A un instant quelconque du dosage, l'avancement de la réaction est ξ tel que $n\,(Fe^{3+}) = 5 \cdot \xi$ et $n(Fe^{2+}) = 5 \cdot (n_0 - \xi)$.

Comme cela a été fait pour les équilibres acido-basiques, nous pouvons définir un taux d'équivalence : $x = \xi\ /\ n_0$.

Le taux d'équivalence croît au fur et à mesure que l'on ajoute du permanganate et donc que l'avancement croît. Après chaque adjonction de solution de permanganate, le nouvel équilibre qui s'établit se traduit par l'équation :

$$\frac{[Mn^{2+}]_{eq} \cdot [Fe^{3+}]_{eq}^5}{[MnO_4^-]_{eq} \cdot [Fe^{2+}]_{eq}^5 \cdot [H_3O^+]_{eq}^8} = K$$

Or : $$\frac{[Fe^{3+}]_{eq}}{[Fe^{2+}]_{eq}} = \frac{5.\xi}{5.(n - \xi)} = \frac{x}{1 - x}$$

Donc : $$\frac{[Mn^{2+}]_{eq}}{[MnO_4^-]_{eq}} = K.[H_3O^+]_{eq}^8 \cdot \left[\frac{1 - x}{x}\right]^5$$

Cette relation n'est plus applicable au-delà de x = 1. Par ailleurs, on constate que le rapport des concentrations des ions Mn^{2+} et MnO_4^- est d'autant plus grand que le milieu est plus acide. La constante d'équilibre est, en outre, très grande (de l'ordre de 10^{62}) et on peut donc dire qu'en milieu suffisamment acide, l'équilibre est pratiquement totalement déplacé vers la droite (la réaction est pratiquement complète) : à chaque ajout de permanganate, ces derniers ions sont totalement réduits et la coloration violacée caractéristique des solutions de permanganate disparaît.

Lorsque l'équivalence est atteinte, tous les ions Fe^{2+} ont été oxydés en ions Fe^{3+}et il n'en reste plus pour réduire un nouvel ajout de permanganate : la solution est colorée par cet ajout excédentaire de permanganate, d'où le nom de méthode colorimétrique de détermination du point d'équivalence.

8.3 Méthode potentiométrique

On peut réaliser une pile comportant :

- La solution de fer (II) dans laquelle on verse progressivement la solution titrée de permanganate. Une électrode de platine baigne dans ce mélange réactionnel.
- Une demi-pile de potentiel constant, servant de référence.
- Un pont de jonction reliant les deux demi-piles.

Nous avons vu qu'après chaque addition de permanganate, un équilibre chimique s'établit dans le mélange réactionnel et, donc :

$E\ (Fe^{3+}/Fe^{2+}) = E\ (MnO_4^-/Mn^{2+}) = E$ (sol) : potentiel de la solution.

La différence de potentiel entre les deux électrodes permet la détermination du potentiel de la solution.

Exprimons ce potentiel en fonction des données relatives au couple Fe^{3+}/Fe^{2+} :

$$E\ (\text{sol}) = E\ °(Fe^{3+}/Fe^{2+}) + \frac{R.T}{F} . \ln \frac{[Fe^{3+}]}{[Fe^{2+}]}$$

$$E\ (\text{sol}) = E\ °(Fe^{3+}/Fe^{2+}) + \frac{R.T}{F} . \ln \frac{x}{1-x}$$

On voit que cette relation ne s'applique que pour un taux d'équivalence inférieur à 1.

On peut noter qu'à la demi-équivalence (x = 0,5) le potentiel de la solution est égal au potentiel de référence du couple Fe^{3+}/Fe^{2+}. Ce résultat peut être rapproché de l'observation faite à la demi-équivalence des dosages acido-basiques ($pH = pK_a$).

Comme le montre la figure 7.2, la courbe de E en fonction de x devient presque verticale aux abords du point d'équivalence. Il n'est donc pas nécessaire de connaître la valeur du potentiel à l'équivalence, puisque le potentiel de la solution varie très fortement pour des variations infinitésimales de x près du point d'équivalence.

Néanmoins, si on souhaite connaître cette valeur (que l'équation précédemment établie ne permet pas d'atteindre, on peut utiliser la voie qui consiste à exprimer le potentiel de la solution en fonction des potentiels de référence des deux couples oxydo-réducteurs $E°(MnO_4^-/Mn^{2+})$ et $E°(Fe^{3+}/Fe^{2+})$.

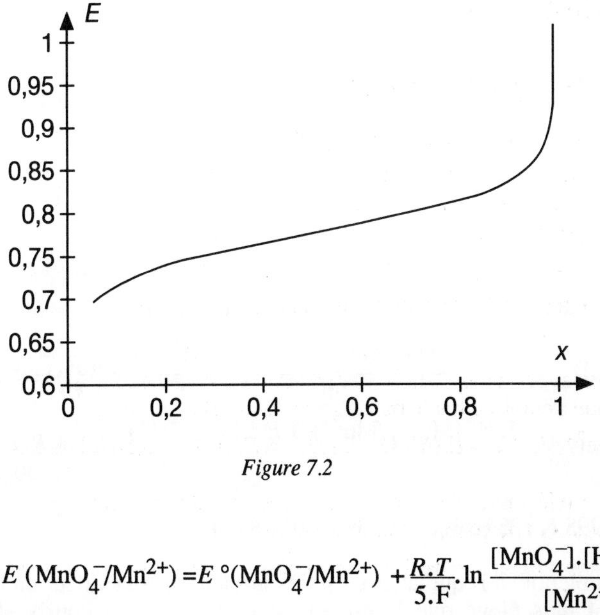

Figure 7.2

$$E\,(\text{sol}) = E\,(MnO_4^-/Mn^{2+}) = E°(MnO_4^-/Mn^{2+}) + \frac{R.T}{5.F}.\ln\frac{[MnO_4^-].[H_3O^+]^8}{[Mn^{2+}]}$$

$$E\,(\text{sol}) = E\,(Fe^{3+}/Fe^{2+}) = E°(Fe^{3+}/Fe^{2+}) + \frac{R.T}{F}.\ln\frac{[Fe^{3+}]}{[Fe^{2+}]}$$

En multipliant par 5 la première expression, puis en l'additionnant à la deuxième, on aboutit à :

$$6 \cdot E\,(\text{sol}) = 5 \cdot E°(MnO_4^- / Mn^{2+}) + E°(Fe^{3+} / Fe^{2+})$$

$$+ \frac{R.T}{F}.\ln\frac{[MnO_4^-].[Fe^{3+}]}{[Mn^{2+}].[Fe^{2+}]} + \frac{8.R.T}{F}.\ln\,[H_3O^+]$$

Rappelons que la quantité initiale de fer (II) est notée $n_0(Fe^{2+}) = 5 \cdot n_0$ et que, pour toute valeur ξ. de l'avancement : $n(Fe^{2+}) = 5 \cdot (n_0 - \xi)$ et $n(Fe^{2+}) = 5 \cdot \xi$. On a alors :

$$\frac{[Fe^{3+}]}{[Fe^{2+}]} = \frac{\xi}{n_0 - \xi}$$

La quantité d'ions permanganates versée est $x \cdot n_0$. La solution contient $(x \cdot n_0 - \xi.)$ moles d'ions permanganates et ξ. moles d'ions manganèse (II). Donc :

$$\frac{[MnO_4^-]}{[Mn^{2+}]} = \frac{x.n_0 - \xi}{\xi}$$

Quand le point d'équivalence est atteint, le taux d'équivalence x prend la valeur 1. Donc :

$$\frac{[MnO_4^-]_{eq}}{[Mn^{2+}]_{eq}} \cdot \frac{[Fe^{3+}]_{eq}}{[Fe^{2+}]_{eq}} = 1$$

Le potentiel à l'équivalence prend donc la valeur :

$$E\,(sol)_{eq} = \frac{5.E\,°(MnO_4^-/Mn^{2+}) + E\,°(Fe^{3+}/Fe^{2+})}{6} + \frac{4.R.T}{3.F}.\ln\,[H_3O^+]$$

$$E\,(sol)_{eq} = \frac{5.E\,°(MnO_4^-/Mn^{2+}) + E\,°(Fe^{3+}/Fe^{2+})}{6} - \frac{4.R.T}{3 \times 2{,}303.F}.pH$$

soit, à 298 K : $E\,(sol)_{eq} = (1{,}396 - 0{,}0789\ pH)$ V

Le potentiel à l'équivalence est très influencé par la valeur du pH : il est d'autant plus élevé que le milieu est plus acide. La courbe de titrage représentée par la figure 7.2 montre que le potentiel varie très fortement aux alentours du point d'équivalence : on arrête le dosage dès qu'est atteinte cette brutale montée du potentiel, sans chercher à atteindre la valeur précise correspondant à l'équivalence.

9 Enoncés des exercices corrigés

Les solutions de ces exercices sont fournies dans le paragraphe 10.

Lors de la résolution numérique de ces exercices, il est inutile de donner une trop grande précision à la valeur du Faraday et on pourra utiliser F = 96 500 C mol^{-1}.

Exercice 7.1

Etablir le schéma et donner l'expression de la différence de potentiel aux bornes de la pile qu'il est possible de réaliser avec les couples oxydo-réducteurs $Cd^{2+}(aq)/Cd(s)$, de potentiel de référence $E° = -0{,}403$ V et $Sn^{4+}(aq)/Sn^{2+}(aq)$ de potentiel de référence $E° = 0{,}150$ V.

Quelle réaction chimique se produit quand la pile débite ?

Exercice 7.2

Les valeurs respectives des potentiels de référence, à 298,15 K, des couples oxydo-réducteurs $Co^{3+}(aq)/Co^{2+}(aq)$ et $Co^{2+}(aq)/Co(s)$ sont 1,82 V et –0,277 V. Quelle est la valeur du potentiel de référence du couple $Co^{3+}(aq)/Co(s)$ à la même température ?

Exercice 7.3

Le potentiel de référence de l'électrode au chlorure d'argent a pour valeur 0,2224 V et celui de l'électrode d'argent est 0,7996 V à 25 °C.

Calculer le produit de solubilité et la solubilité du chlorure d'argent dans l'eau à 25 °C.

Exercice 7.4

Les potentiels de référence, à 298 K, des couples oxydo-réducteurs $Cu^{2+}(aq)/Cu^{+}(aq)$ et $Cu^{2+}(aq)/Cu(s)$ sont respectivement 0,153 V et 0,337 V.

1/ Calculer la valeur du potentiel de référence, à 298 K, du couple $Cu^{+}(aq)/Cu(s)$?

2/ Calculer la valeur de la constante d'équilibre de la réaction :

$$2\,Cu^{+}(aq) = Cu(s) + Cu^{2+}(aq)$$

Que peut-on en déduire quant à la stabilité des sels de cuivre (I) en solution aqueuse ?

Exercice 7.5

Les potentiels de référence d'oxydo-réduction, à 298 K, des couples $Fe^{3+}(aq)/Fe^{2+}(aq)$ et $Cu^{2+}(aq)/Cu(s)$ ont respectivement pour valeur 0,771 V et 0,337 V.

1/ Soit une solution de sulfate de fer (II) et de sulfate de fer (III), dont les concentrations sont respectivement $c(Fe^{2+}) = 1{,}00.10^{-2}$ mol l^{-1} et $c(Fe^{3+}) = 2{,}25.10^{-3}$ mol l^{-1}. Calculer le potentiel d'oxydo-réduction de ce système, sous ces conditions.

2/ Calculer le potentiel d'oxydo-réduction d'un système constitué par de la poudre de cuivre baignant dans une solution aqueuse de sulfate de cuivre (II) telle que $c(Cu^{2+}) = 1{,}50.10^{-3}$ mol l^{-1}.

3/ Soit un système constitué par de la poudre de cuivre baignant dans une solution aqueuse des trois sels vus précédemment, telle que les concentrations des espèces ioniques soient : $c(Fe^{2+}) = 1{,}00.10^{-2}$ mol l^{-1}, $c(Fe^{3+}) = 2{,}25.10^{-3}$ mol l^{-1} et $c\,(Cu^{2+}) = 1{,}50.10^{-3}$ mol l^{-1}.

Dans quel sens évolue chimiquement ce système ? Ecrire la réaction qui se produit et calculer son $\Delta_r G_m$.

4/ Quelle devrait être la valeur du rapport des concentrations des ions Fe^{3+} et Fe^{2+} dans la solution (la concentration des ions Cu^{2+} restant inchangée) pour que la réaction s'effectue en sens inverse de celui trouvé à la question 3 ?

10 Corrigés des exercices

Exercice 7.1

La grande différence entre les potentiels de référence des deux couples incite à placer à droite le couple Sn^{4+}/Sn^{2+}.

Pour établir le schéma de la pile :

- On place les formes réduites aux extrémités.

- On tient compte, pour l'écriture, du fait que les ions Sn^{4+} et Sn^{2+} sont dans la même phase (solution), alors que Cd^{2+} et Cd sont dans des phases distinctes. On a donc :

$$Cd(s)\ |\ Cd^{2+}(aq)\ \vdots\ Sn^{4+}(aq)\ ,\ Sn^{2+}(aq)\ |\ Pt$$

La réaction chimique liée à ce schéma s'écrit dans le même sens (réduction de Sn^{4+} en Sn^{2+} et oxydation de Cd en Cd^{2+}).

$$Cd(s) + Sn^{4+}(aq) = Cd^{2+}(aq) + Sn^{2+}(aq)$$

Différence de potentiel aux bornes :

$$E = E_d - E_g = E\,(Sn^{4+} / Sn^{2+}) - E\,(Cd^{2+} / Cd)$$

$$E = E\,°(Sn^{4+}/Sn^{2+}) + \frac{R.T}{2.F}.\ln\frac{[Sn^{4+}]}{[Sn^{2+}]} - E\,°(Cd^{2+}/Cd) + \frac{R.T}{2.F}.\ln\,[Cd^{2+}]$$

$$E = E\,°(Sn^{4+}/Sn^{2+}) - E\,°(Cd^{2+}/Cd) + \frac{R.T}{2.F}.\ln\frac{[Sn^{4+}]}{[Sn^{2+}].[Cd^{2+}]}$$

La différence entre les potentiels de référence est très élevée (0,553 V).

Quand la pile débite, la réaction a lieu dans le sens :

$$Cd(s) + Sn^{4+}(aq) \longrightarrow Cd^{2+}(aq) + Sn^{2+}(aq)$$

L'électrode de droite est la borne positive de la pile.

Exercice 7.2

La réduction de Co^{3+}(aq) en Co(s) peut être envisagée de deux façons :

- Soit directement :

$$Co^{3+}(aq) + 3\ e^- = Co(s)$$

L'enthalpie libre molaire de référence de réaction est notée : $\Delta_r G_m°(Co^{3+}/Co)$.

- Soit en deux étapes successives :

$$Co^{3+}(aq) + e^- = Co^{2+}(aq)$$
$$Co^{2+}(aq) + 2\ e^- = Co(s)$$

Les enthalpies libres molaires de référence de réaction sont notées respectivement $\Delta_r G_m°(Co^{3+}/Co^{2+})$ et $\Delta_r G_m°(Co^{2+}/Co)$.

On voit que :

$$\Delta_r G_m°(Co^{3+}/Co) = \Delta_r G_m°(Co^{3+}/Co^{2+}) + \Delta_r G_m°(Co^{2+}/Co)$$

La relation $\Delta_r G_m° = -n{\cdot}F{\cdot}E°$ applicable à tout couple permet d'écrire :

$$-3{\cdot}F{\cdot}E°(Co^{3+}/Co) = -F{\cdot}E°(Co^{3+}/Co^{2+}) - 2{\cdot}F{\cdot}E°(Co^{2+}/Co)$$

$$E°(Co^{3+}/Co) = \frac{E°(Co^{3+}/Co^{2+}) + 2.E°(Co^{2+}/Co)}{3}$$

$$E°(Co^{3+}/Co) = \frac{1{,}82 + 2 \times (-0{,}277)}{3}$$

$$E°(Co^{3+}/Co) = 0{,}42\ V$$

Exercice 7.3

Une électrode au chlorure d'argent est constituée par :

- un métal : Ag,
- un sel très peu soluble de ce métal : AgCl,
- une solution aqueuse contenant des ions chlorures (par exemple, solution de KCl).

L'équilibre de solubilité de AgCl s'écrit :

$$AgCl(s) \rightleftharpoons Ag^+(aq) + Cl^-(aq)$$
$$K_s = [Ag^+]{\cdot}[Cl^-]$$

L'argent est au degré d'oxydation +1 dans AgCl et 0 dans Ag. La réaction de réduction est donc :

$$Ag^+(aq) + e^- = Ag(s)$$

Potentiel de ce couple :

$$E\,(Ag^+/Ag) = E\ °(Ag^+/Ag) + \frac{R.T}{F}.\ln\,[Ag^+]$$

La concentration des ions Ag^+ dans la solution est limitée par la présence des ions Cl^-, d'où :

$$E\,(Ag^+/Ag) = E\,°(Ag^+/Ag) + \frac{R.T}{F}.\ln\frac{K_s}{[Cl^-]}$$

$$E\,(Ag^+/Ag) = E\,°(Ag^+/Ag) + \frac{R.T}{F}.\ln K_s - \frac{R.T}{F}.\ln\,[Cl^-]$$

Le terme constant définit le potentiel de référence de l'électrode au chlorure d'argent :

$$E\,°(AgCl/Ag) = E\,°(Ag^+/Ag) + \frac{R.T}{F}.\ln K_s$$

$$\ln K_s = \frac{F}{R.T}.\left(E\,°(AgCl/Ag) - E\,°(Ag^+/Ag)\right)$$

$$\ln K_s = \frac{96.500}{8{,}314 \times 298} \times (0{,}2224 - 0{,}7996) = -\,22{,}48$$

$$K_s = 1{,}72.10^{-10}$$

Exercice 7.4

1/ Potentiel de référence du couple $Cu^+(aq)/Cu(s)$:

Comme dans l'exercice 7.2, nous pouvons écrire :

- pour la réaction $Cu^+(aq) + e^- = Cu(s)$:

$$\Delta_r G_m°(Cu^+/Cu) = -\,F\cdot E\,°(Cu^+/Cu)$$

- pour la réaction $Cu^{2+}(aq) + e^- = Cu^+(aq)$:

$$\Delta_r G_m°(Cu^{2+}/Cu^+) = -\,F\cdot E\,°(Cu^{2+}/Cu^+)$$

- pour la réaction $Cu^{2+}(aq) + 2\,e^- = Cu(s)$:

$$\Delta_r G_m°(Cu^{2+}/Cu) = -\,2\cdot F\cdot E\,°(Cu^+/Cu)$$

L'égalité : $\Delta_r G_m°(Cu^+/Cu) = \Delta_r G_m°(Cu^{2+}/Cu) - \Delta_r G_m°(Cu^{2+}/Cu^+)$ fournit :

$$E\,°(Cu^+/Cu) = 2\cdot E\,°(Cu^{2+}/Cu) - E\,°(Cu^{2+}/Cu^+) = 2 \times 0{,}337 - 0{,}153$$

$$E\,°(Cu^+/Cu) = 0{,}521\ V$$

2/ Stabilité des sels de cuivre (I) :

Les deux couples faisant intervenir l'ion $Cu^+(aq)$ sont :

Cu^+/Cu de potentiel de référence : $E\,°(Cu^+/Cu) = 0{,}521$ V

Cu^{2+}/Cu^+ de potentiel de référence : $E\,°(Cu^{2+}/Cu^+) = 0{,}153$ V

La réaction de réduction de $Cu^+(aq)$:

$$Cu^+(aq) + e^- = Cu(s)$$

peut être combinée avec la réaction d'oxydation de ce même ion :

$$Cu^+(aq) = Cu^{2+}(aq) + e^-$$

pour fournir la réaction d'oxydo-réduction :

$$2\,Cu^+(aq) = Cu(s) + Cu^{2+}(aq)$$

La constante d'équilibre de cette réaction est donnée par :

$$\ln K = \frac{F}{R.T}.(E\,°(Cu^+/Cu) - E\,°(Cu^{2+}/Cu^+))$$

$$\ln K = \frac{96\,500}{8{,}314 \times 298} \times (0{,}521 - 0{,}153) = 14{,}33$$

$$K = 1{,}68.10^6$$

Cette constante a une valeur élevée : l'équilibre est très déplacé vers la droite. Les sels de cuivre (I) ne sont pas stables en solution aqueuse : ils subissent une réaction, dite de **dismutation**, qui les amène à passer sous une forme plus oxydée (Cu^{2+}) et moins oxydée (Cu).

Exercice 7.5

1/ Solution de sulfate de fer (II) et de fer (III) :

$$Fe^{3+}(aq) + e^- = Fe^{2+}(aq)$$

$$E\,(Fe^{3+}/Fe^{2+}) = E\,°(Fe^{3+}/Fe^{2+}) + \frac{R.T}{F}.\ln\frac{[Fe^{3+}]}{[Fe^{2+}]}$$

$$E\,(Fe^{3+}/Fe^{2+}) = 0{,}771 + \frac{8{,}314 \times 298}{96\,500} \times \ln\frac{2{,}25.10^{-3}}{1{,}00.10^{-2}} = 0{,}733\text{ V}$$

2/ Solution de sulfate de cuivre (II) en présence de cuivre métallique :

$$Cu^{2+}(aq) + 2e^- = Cu(s)$$

$$E\,(Cu^{2+}/Cu) = E\,°(Cu^{2+}/Cu) + \frac{R.T}{2.F}.\ln\,[Cu^{2+}]$$

$$E\,(Cu^{2+}/Cu) = 0{,}337 + \frac{8{,}314 \times 298}{2 \times 96\,500} \times \ln 1{,}50.\,10^{-3}$$

$$E\,(Cu^{2+}/Cu) = 0{,}254\text{ V}$$

3/ Mélange des deux couples :

Les deux couples étant en contact, celui qui a le plus fort potentiel évolue dans le sens de la réduction :

$$Fe^{3+}(aq) + e^- \longrightarrow Fe^{2+}(aq)$$

alors que l'autre évolue dans le sens de l'oxydation :

$$Cu(s) \longrightarrow Cu^{2+}(aq) + 2e^-$$

Réaction globale :

$$2\,Fe^{3+}(aq) + Cu(s) \longrightarrow 2\,Fe^{2+}(aq) + Cu^{2+}(aq)$$

$$\Delta_r G_m = -n \cdot F \cdot \left(E\,(Fe^{3+}/Fe^{2+}) - E\,(Cu^{2+}/Cu)\right)$$

$$\Delta_r G_m = -2 \times 96\,500 \times (0{,}733 - 0{,}254)$$

$$\Delta_r G_m = -92{,}5 \text{ kJ mol}^{-1}.$$

4/ Réaction en sens inverse :

Pour que la réaction soit possible en sens inverse, il faut avoir :

$$E\,(Fe^{3+}/Fe^{2+}) < E\,(Cu^{2+}/Cu)$$

La solution de sel de cuivre (II) restant inchangée, son potentiel reste le même : $E\,(Cu^{2+}/Cu) = 0{,}254$ V.

Il faut donc avoir :

$$E\,°(Fe^{3+}/Fe^{2+}) + \frac{R.T}{F}.\ln\frac{[Fe^{3+}]}{[Fe^{2+}]} < E\,(Cu^{2+}/Cu)$$

$$\ln\frac{c\,(Fe^{3+})}{c\,(Fe^{2+})} < \frac{96\,500}{8{,}314 \times 298} \times (0{,}254 - 0{,}771) = -\,20{,}14$$

$$\frac{c\,(Fe^{3+})}{c\,(Fe^{2+})} = \frac{[Fe^{3+}]}{[Fe^{2+}]} < 1{,}8.10^{-9}$$

On voit qu'il est impossible de réaliser des rapports de concentrations aussi faibles : le sens de cette réaction ne peut donc pas être inversé.

11 Exercices non résolus

Exercice 7.6

Connaissant les potentiels d'oxydo-réduction de référence suivants :

$E\,°(Cd^{2+}(aq)/Cd(s)) = -0{,}403$ V,

$E\,°(Cu^{2+}(aq)/Cu(s)) = 0{,}337$ V

1/ Ecrire le schéma de la pile qu'il est possible de réaliser avec ces deux couples, la réaction chimique de cette pile et l'expression de la d.d.p. à ses bornes.

2/ Est-il possible d'inverser le sens de la réaction de cette pile en jouant sur les concentrations des sels dans les solutions ?

Exercice 7.7

Les potentiels de référence des couples Fe^{3+}(aq)/Fe^{2+}(aq) d'une part et Fe^{2+}(aq)/Fe(s) d'autre part, sont respectivement $E°$ (Fe^{3+}/Fe^{2+}) = 0,771 V et $E°$ (Fe^{2+}(aq)/Fe) = –0,440 V. En déduire la valeur du potentiel de référence du couple Fe^{3+}(aq)/Fe à la même température.

Exercice 7.8

La pile : Sn(s)/Sn$(ClO_4)_2$(aq) ⁞ Pb$(ClO_4)_2$(aq)/Pb(s)

a une d.d.p. aux bornes égale à 5,1 mV à 25 °C, quand les concentrations des solutions de chlorate d'étain et de plomb ont respectivement pour valeurs $2{,}00.10^{-2}$ mol l^{-1} et $1{,}00.10^{-2}$ mol l^{-1}. Calculer la valeur, à 25 °C de la constante d'équilibre de la réaction :

$$Sn(s) + Pb(ClO_4)_2(aq) = Sn(ClO_4)_2(aq) + Pb(s)$$

Exercice 7.9

Le potentiel de référence de l'électrode à iodure d'argent est égal à –0,151 V. Celui de l'électrode d'argent est égal à 0,7991 V. En déduire la valeur du produit de solubilité de l'iodure d'argent à la même température (25 °C).

Exercice 7.10

Connaissant les potentiels de référence des couples Fe^{3+}(aq)/Fe^{2+}(aq) (0,771 V) et MnO_4^-(aq)/Mn^{2+}(aq) (1,51 V à pH = 0) :

1/ Etablir la variation du potentiel du couple MnO_4^-(aq)/Mn^{2+}(aq) avec le pH.

2/ Ecrire la réaction qui se produit quand les deux couples sont mis en présence en milieu acide.

Exercice 7.11

Les potentiels de référence des deux couples oxydo-réducteurs Cu^{2+}(aq)/Cu^{+}(aq) et Pb^{2+}(aq)/Pb(s) ont respectivement pour valeur à 298 K : 0,153 V et –0,126 V. Dans tout l'exercice, on considère que la température est 298 K.

1/ Soit une solution aqueuse de $CuSO_4$ et de Cu_2SO_4, de concentration $1{,}25.10^{-3}$ mol l^{-1} en ions Cu^{2+} et $2{,}40.10^{-2}$ mol l^{-1} en ions Cu^{+}. Calculer le potentiel d'oxydo-réduction de ce système, sous ces conditions.

2/ Calculer le potentiel d'oxydo-réduction d'un système constitué par du plomb baignant dans une solution aqueuse de sulfate de plomb (II) de concentration 1,50.10^{-2} mol l^{-1}.

3/ Soit un système constitué par du plomb baignant dans une solution aqueuse des trois sels précédents, telle que : c (Cu^{2+}) = 1,25.10^{-3} mol l^{-1}, c(Cu^{+}) = 2,40.10^{-2} mol l^{-1} et c (Pb^{2+}) = 1,50.10^{-2} mol l^{-1}.

Dans quel sens évolue chimiquement ce système ?

Ecrire la réaction qui se produit et calculer son $\Delta_r G_m$.

4/ Quelle devrait être la valeur du rapport des concentrations des ions Cu^{2+} et Cu^{+} dans la solution (la concentration des ions Pb^{2+} restant inchangée) pour que la réaction s'effectue en sens inverse de celui trouvé à la question 3 ?

12 Résultats numériques des exercices non résolus

Exercice 7.6 **1/** Cd(s) | Cd^{2+}(aq) ¦ Cu^{2+}(aq) | Cu(s) ;

Cu^{2+}(aq) + Cd(s) = Cu(s) + Cd^{2+}(aq) ;

E /V = 0,740 + 1,29.10^{-2}·ln([Cu^{2+}]/[Cd^{2+}]).

2/ Non.

Exercice 7.7 E °(Fe^{3+}/Fe) = –0,036 V.

Exercice 7.8 K = 2,97.

Exercice 7.9 K_s = 8,97.10^{-17}.

Exercice 7.10

1/ E /V= 1,51 + 5,13.10^{-3} ln([MnO_4^-]/[Mn^{2+}]) – 9,47.10^{-2}·pH.

2/ MnO_4^- + 5 Fe^{2+} + 8 H^+ = Mn^{2+} + 5 Fe^{3+} + 4 H_2O.

Exercice 7.11 **1/** E = 0,077 V. **2/** E = –0,180 V.

3/ 2 Cu^{2+} + Pb $\longrightarrow$ 2 Cu^+ + Pb^{2+} ; $\Delta_r G_m°$ = –53,85 kJ mol^{-1}.

4/ c(Cu^{2+}) / c(Cu^+) < 2,34.10^{-6}.

Index

Acide 103
Avancement d'une réaction 9
Base 103
Capacité calorifique 19
Concentration de référence 55
Constante d'acidité 105
— d'équilibre 72
Degré d'oxydation 160
Dissociation de l'eau 106
Electrode à hydrogène 171
Electrolyte 82
Energie de liaison 28
— interne 14
Enthalpie 16
— de combustion 25
— de formation 23
— de réaction 21
— libre 46
Entropie 44
Extérieur 10
Gaz parfait 17
Gibbs-Helmholtz (équation de) 52
Hess (loi de) 22
Indicateur coloré 121
Le Chatelier (loi de) 89
Nernst (loi de) 166
Ostwald (loi de dilution) 83
Oxydant 159
Pile 163
Pression de référence 23
Processus réversible 11
Produit de solubilité 144
Réducteur 159
Solubilité 143
Système 10
Tampon 126
Van't Hoff (équation de) 77
Zone de virage 121

Table des matières

Avant-propos 5

1 CHALEUR DE RÉACTION 7

1 *Qu'est-ce qu'une réaction chimique ?* 7
2 *Aspects énergétique d'une réaction chimique* 9
3 *Premier principe de la thermodynamique* 10
4 *Énergie interne et enthalpie d'un corps pur* 17
5 *Prévision des chaleurs de réaction* 21
6 *Énoncés des exercices corrigés* 30
7 *Corrigés des exercices* 32
8 *Exercices non résolus* 37
9 *Résultats numériques des exercices non résolus* 39

2 ÉVOLUTION SPONTANÉE D'UN SYSTÈME APPLICATION À LA CHIMIE 41

1 *Présentation du problème* 41
2 *Deuxième principe de la thermodynamique* 42
3 *Critère d'évolution pour un système chimique* 46
4 *Détermination de l'enthalpie molaire d'un corps pur* 47
5 *Utilisation des tables pour la détermination de $\Delta_r G_m°$ à 298,15 K* 51
6 *Influence de la température sur $\Delta_r G_m°$* 51
7 *Expression de $\Delta_r G_m$* 53
8 *Énoncés des exercices corrigés* 58
9 *Corrigés des exercices* 61
10 *Exercices non résolus* 68
11 *Résultats numériques des exercices non résolus* 70

3 ÉQUILIBRE CHIMIQUE 71

1 *Notion d'équilibre chimique* 71
2 *Constante d'équilibre* 72
3 *Calcul de la composition d'un système chimique à l'équilibre* 78
4 *Équilibre de dissociation d'un électrolyte en solution aqueuse* 82

4 DÉPLACEMENT DES ÉQUILIBRES 85

1 *Influence d'une modification de la température* 85
2 *Influence d'une modification de la pression* 86
3 *Adjonction ou enlèvement d'un des constituants du système* 87
4 *Loi de Le Chatelier* 89
5 *Énoncés des exercices corrigés* 90

6 *Corrigés des exercices* 92
7 *Exercices non résolus* 99
8 *Résultats numériques des exercices non résolus* 102

5 RÉACTIONS ET ÉQUILIBRES ACIDO-BASIQUES 103

1 *Acide et base* 103
2 *Force des acides et des bases* 104
3 *Constante de dissociation de l'eau* 106
4 *Calcul du pH des solutions aqueuses* 107
5 *Dosages acido-basiques* 116
6 *Solutions tamponnées* 126
7 *Énoncés des exercices corrigés* 129
8 *Corrigés des exercices* 130
9 *Exercices non résolus* 139
10 *Résultats numériques des exercices non résolus* 141

6 ÉQUILIBRES DE SOLUBILITÉ 143

1 *Solubilité* 143
2 *Produit de solubilité* 144
3 *Détermination de la solubilité d'un sel peu soluble* 145
4 *Précipitation* 147
5 *Énoncés des exercices corrigés* 149
6 *Corrigés des exercices* 151
7 *Exercices non résolus* 156
8 *Résultats numériques des exercices non résolus* 157

7 RÉACTIONS ET ÉQUILIBRES D'OXYDO-RÉDUCTION 159

1 *Définitions* 159
2 *Piles* 163
3 *Loi de Nernst* 166
4 *Prévision du sens de réaction* 167
5 *Détermination des potentiels d'oxydo-réduction* 171
6 *Expression du potentiel des différents types de couples oxydo-réducteurs* 172
7 *Quelques applications des piles* 175
8 *Dosages d'oxydo-réduction* 176
9 *Énoncés des exercices corrigés* 180
10 *Corrigés des exercices* 182
11 *Exercices non résolus* 186
12 *Résultats numériques des exercices non résolus* 188

Index 189

Armand Colin Éditeur
5, rue Laromiguière
75241 Paris Cedex 05
N° 104995
Dépôt légal : avril 1995

SNEL S.A.
Rue Saint-Vincent 12 – 4020 Liège
mars 1995